智能制造应用型人才培养系列教程

工 业 机 器 人 技 术

工业机器人

技术基础

林燕文 陈南江 许文稼丨主编

彭赛金 张伟丨副主编

微课版

人 民 邮 电 出 版 社

北 京

图书在版编目（CIP）数据

工业机器人技术基础 / 林燕文，陈南江，许文稼主编. —— 北京：人民邮电出版社，2019.2
智能制造应用型人才培养系列教程. 工业机器人技术
ISBN 978-7-115-50414-2

Ⅰ. ①工… Ⅱ. ①林… ②陈… ③许… Ⅲ. ①工业机器人－高等学校－教材 Ⅳ. ①TP242.2

中国版本图书馆CIP数据核字(2018)第289967号

内 容 提 要

本书共分为 4 篇，内容包括工业机器人的概述、分类和技术参数、编程技术、机械结构、传感技术、控制技术、运动学基础、运动学计算、典型应用等。

本书可作为应用型本科院校的机器人工程、自动化、机械设计制造及其自动化、智能制造工程等专业的教材，也可作为高职高专院校的工业机器人技术、电气自动化技术、机电一体化技术等专业的教材，还可作为工程技术人员的参考资料和培训用书。

- ◆ 主　　编　林燕文　陈南江　许文稼
  副 主 编　彭赛金　张　伟
  责任编辑　王丽美
  责任印制　马振武
- ◆ 人民邮电出版社出版发行　　北京市丰台区成寿寺路 11 号
  邮编　100164　电子邮件　315@ptpress.com.cn
  网址　http://www.ptpress.com.cn
  北京鑫丰华彩印有限公司印刷
- ◆ 开本：787×1092　1/16
  印张：13.75　　　　　　　　2019 年 2 月第 1 版
  字数：335 千字　　　　　　2024 年 12 月北京第 14 次印刷

定价：52.00 元

读者服务热线：**(010)81055256**　印装质量热线：**(010)81055316**
反盗版热线：**(010)81055315**
广告经营许可证：京东市监广登字 20170147 号

智能制造应用型人才培养系列教程

编委会

顾　问：上海发那科机器人有限公司　　　　　封佳诚
　　　　上海 ABB 工程有限公司　　　　　　叶　晖
　　　　通用电气智能设备（上海）有限公司　代申义
秘书长：北京华晟智造科技有限公司　　　　　林燕文
　　　　人民邮电出版社　　　　　　　　　　刘盛平

序

制造业是一个国家经济发展的基石，也是增强国家竞争力的基础。新一代信息技术、人工智能、新能源、新材料、生物技术等重要领域和前沿方向的革命性突破和交叉融合，正在引发新一轮产业变革——第四次工业革命，而智能制造便是引领第四次工业革命浪潮的核心动力。智能制造是基于新一代信息通信技术与先进制造技术的深度融合，贯穿于设计、生产、管理、服务等制造活动的各个环节，具有自感知、自学习、自决策、自执行、自适应等功能的新型生产方式。

我国于 2015 年 5 月发布了《中国制造 2025》，部署全面推进制造强国战略，我国智能制造产业自此进入了一个飞速发展时期，社会对智能制造相关专业人才的需求也不断加大。目前，国内各本科院校、高职高专院校都在争相设立或准备设立与智能制造相关的专业，以适应地方产业发展对战略性新兴产业的人才需求。

在本科教育领域，与智能制造专业群相关的机器人工程专业在 2016 年才在东南大学开设，智能制造工程专业更是到 2018 年才在同济大学、汕头大学等几所高校中开设。在高等职业教育领域，2014 年以前只有少数几个学校开设工业机器人技术专业，但到目前为止已有超过 500 所高职高专院校开设这一专业。人才的培养离不开教材，但目前针对工业机器人技术、机器人工程等专业的成体系教材还不多，已有教材也存在企业案例缺失等亟须解决的问题。由北京华晟智造科技有限公司和人民邮电出版社策划，校企联合编写的这套图书，犹如大旱中的甘露，可以有效解决工业机器人技术、机器人工程等与智能制造相关专业教材紧缺的问题。

理实一体化教学是在一定的理论指导下，引导学习者通过实践活动巩固理论知识、形成技能、提高综合素质的教学过程。目前，高校教学体系过多地偏向理论教学，课程设置与企业实际应用契合度不高，学生无法把理论知识转化为实践应用技能。本套图书的第一大特点就是注重学生的实践能力培养，以企业真实需求为导向，学生学习技能紧紧围绕企业实际应用需求，将学生需掌握的理论知识，通过企业案例的形式进行衔接，达到知行合一、以用促学的目的。

智能制造专业群应以工业机器人为核心，按照智能制造工程领域闭环的流程进行教学，才能够使学生从宏观上理解工业机器人技术在行业中的具体应用场景及应用方法。高校现有的智能制造课程集中在如何进行结构设计、工艺分析，使得装备的设计更为合理。但是，完整的机器人应用工程却是一个容易被忽视的部分。本套图书的第二大特点就是聚焦了感知、控制、决策、执行等核心关键环节，依托重点领域智能工厂、数字化车间的建设以及传统制造业智能转型，突破高档数控机床与工业机器人、增材制造装备、智能传感与控制装备、智能检测与装配装备、智能物流与仓储装备五类关键技术装备，覆盖完整工程流程，涵盖企业智能制造领域工程中的各个环节，符合企业智能工厂真实场景。

我很高兴看到这套书的出版，也希望这套书能给更多的高校师生带来教学上的便利，帮助读者尽快掌握智能制造大背景下的工业机器人相关技术，成为智能制造领域中紧缺的应用型、复合型和创新型人才！

上海发那科机器人有限公司　　　总经理

SHANGHAI-FANUC Robotics CO.,LTD.　General Manager

前　言

一、编写缘起

工业机器人是机电一体化生产装置，靠电力驱动，是由计算机控制伺服系统来实现如运动、定位、逻辑判断等功能的一种机器，并可以自动执行工作。随着工业机器人技术的发展及其应用的不断扩大，我国已经成为全球第二大应用市场。工业机器人的应用对于助推我国制造业转型升级，提高产业核心竞争力功不可没。但与之形成鲜明对比的是，工业机器人相关专业的人才培养却落后于市场的发展。我国教育界在意识到这种情况后，已开始大力加强相关专业的建设。

本书贯彻党的二十大报告中"深入实施人才强国战略。培养造就大批德才兼备的高素质人才，是国家和民族长远发展大计。功以才成，业由才广。"努力培养造就更多大师和卓越工程师、大国工匠、高技能人才。

本书在全面调研的基础上，系统介绍了工业机器人技术方面的基础知识，并在内容选取上力争覆盖工业机器人技术及应用方面的大部分知识点，使读者更好地掌握相关知识。

二、本书结构

本书根据当前院校教学需要精心安排。全书共分为 4 篇，9 个项目，结构如下所示。

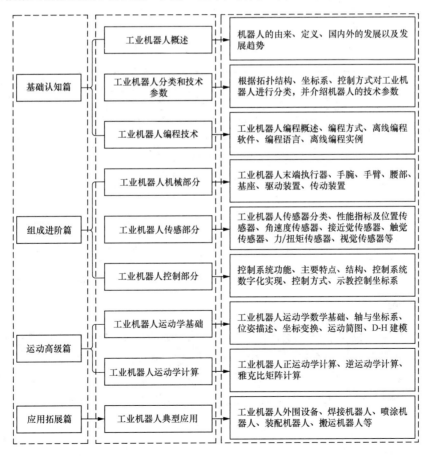

随着产教融合建设的推进，智能制造应用型人才培养系列教材按照"一体化设计、结构化课程、颗粒化资源"的逻辑建设理念进行编写。编者系统地规划了本书的结构体系，主要包括"项目引入""知识图谱""任务""项目总结（技能图谱）""项目习题"。

三、内容特点

1. 本书充分考虑了相关技术的先进性，书中介绍的机器人载体都是国内外知名品牌的产品，使学生真正学到当前先进的工业机器人相关技术及应用。

2. 本书在内容的组织上，充分考虑学生的认知规律，由简到难，循序渐进。

3. 书中设有"思考与练习"和"项目习题"，方便学生回顾每个任务及整个项目所学知识。

四、配套的数字化教学资源

得益于现代信息技术的飞速发展，本书在使用双色印刷的同时，配备了大量的教学微课、高清图片等一体化学习资源，并配套提供指导学习的课件、工作页等资源，以及用于对学生进行测验的单元测评、题库和习题详解等资料。

读者可在学习过程中登录本书配套的数字化课程网站（北京华晟智造科技有限公司"智造课堂"）获取数字化学习资源，对于微课等学习资源，可以通过手机扫描书中二维码链接观看。

五、教学建议

教师可以通过本书和课程网站上丰富的资源完善自己的教学过程，学生也能通过本书及其配套资源进行自主学习和测验。一般情况下，教师可用 56 学时进行本书的讲解，具体学时分配建议见下表。

序号	内容	分配建议/学时
1	项目一　工业机器人概述	4
2	项目二　工业机器人分类和技术参数	8
3	项目三　工业机器人编程技术	6
4	项目四　工业机器人机械部分	8
5	项目五　工业机器人传感部分	8
6	项目六　工业机器人控制部分	6
7	项目七　工业机器人运动学基础	6
8	项目八　工业机器人运动学计算	4
9	项目九　工业机器人典型应用	6
	合计	56

六、致谢

本书由北京华晟智造科技有限公司林燕文、陈南江和常州机电职业技术学院许文稼任主编，北京华晟智造科技有限公司彭赛金和浙江机电职业技术学院张伟任副主编。在本书的编写过程中，北京华晟智造科技有限公司提供了许多宝贵的意见和建议，并对编写工作给予大力支持，在此郑重致谢。

由于编者水平有限，书中难免存在不足之处，恳请广大读者批评指正。

编者

2023 年 5 月

目　录

基础认知篇

项目一
工业机器人概述

项目引入

　　早在几千年前的神话故事中，类似机器人的概念就已经出现。古人也制作了一些类似机器人的机械装置，但直到近代，机器人技术尤其是工业机器人技术才得到了飞速发展。美国、日本等国家的汽车制造领域大量使用了工业机器人，并且在这个领域中，工业机器人的应用最为成熟。

　　我国工业机器人技术虽起步较晚，关键技术以及核心零部件与发达国家相比还有一定差距，但也取得了一定的可喜的进步。最近几年，我国是工业机器人应用数量最多的国家，未来的发展潜力巨大。

　　本项目的学习内容是了解机器人的由来、机器人尤其是工业机器人的定义，以及工业机器人的发展史和发展趋势。

知识图谱

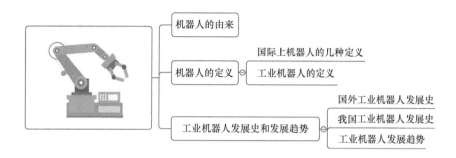

任务一　机器人的由来

【任务描述】

　　大家都或多或少地了解过机器人，但是否想过机器人是如何产生的？是如何有了机器人这个概念的？带着这两个问题，我们进入任务一的学习。

【任务学习】

　　机器人的概念早在几千年前的人类想象中就已诞生。最早出现的关于"人造人"的神话故事，当属公元前3世纪的古希腊神话"阿鲁哥探险船"。我国西周时期，能工巧匠偃师就研制出了能歌善舞的伶人，这是我国最早记载的具有机器人概念的文字。据《墨经》的记载，春秋后期，我国著名的工匠鲁班曾制造过一只木鸟，能在空中飞行"三日不下"，如图 1-1（a）所示。东汉时期的著名科学家张衡发明了地动仪、计里鼓车以及木指南车，如图 1-1（b）、（c）所示，这些都是具有机器人构想的装置。后汉三国时期，诸葛亮发明了木牛流马，如图 1-1（d）所示，《三国志·诸葛亮传》："九年，亮复出祁山，以木牛运""十二年春，亮悉大众由斜谷出，以流马运"。

微课

机器人的由来

（a）木鸟

（b）计里鼓车

（c）木指南车

（d）木牛流马

图 1-1　中国古代发明

除中国外，许多其他国家的历史上也曾出现过有关机器人的发明。两千年以前希腊一个名叫海隆的人发明了各种机器，其中有自动门、自动销售机、自动风琴等，和现在使用的这类东西的结构类似。11世纪中东地区重要的发明家——阿勒·加扎利创造了古代最复杂、最令人称奇的计时器——时钟城堡。欧洲文艺复兴时期的天才——达·芬奇在手稿中绘制了西方文明世界的第一款人形机器人。此外在法国国王的庆典上，达·芬奇向国王献上了一只能自动行走的人造狮子，如图1-2所示。

图1-2　人造狮子

1662年，日本的竹田近江利用钟表技术发明了自动端茶偶人，并在大阪道顿堀演出，如图1-3（a）所示。1738年，法国天才技师杰克·戴·瓦克逊发明了一只机器鸭。1768—1774年，瑞士钟表匠德罗斯父子三人合作制作了像真人一样大小的机器人：写字偶人、绘图偶人和弹风琴偶人，如图1-3（b）所示。1893年，加拿大莫尔设计出能行走的机器人安德罗丁。

（a）日本端茶偶人　　　　　　　　（b）欧洲的自动偶人

图1-3　自动偶人

1920年，捷克作家卡雷尔·卡佩克［见图1-4（a）］发表了科幻剧本《罗萨姆的万能机器人》，在剧本中，卡佩克把捷克语"Robota"写成了"Robot"。

1950年，美国科幻小说家加斯卡·阿西莫夫［Jassc Asimov，如图1-4（b）所示］在他的小说《我的机器人》中，提出了著名的"机器人三原则"，如图1-5所示。

① 机器人不能危害人类，不能眼看人类受害而袖手旁观。

② 机器人必须服从于人类，除非这种服从有害于人类。

③ 机器人应该能够保护自身不受伤害，除非为了保护人类或者人类命令它做出牺牲。

（a）卡雷尔·卡佩克　　（b）加斯卡·阿西莫夫

图1-4　卡雷尔·卡佩克与加斯卡·阿西莫夫　　　图1-5　机器人三原则

这三条原则给机器人赋予了伦理观。至今，机器人研究者都以这三个规则作为开发机器人的准则。

【思考与练习】

1. 简述我国历史上有关机器人的发明。
2. 简述国外历史上有关机器人的发明。
3. 名词 Robot 是如何诞生的？
4. 机器人三原则的内容是什么？

任务二　机器人的定义

【任务描述】

一个想法的诞生，就是未来成为可能的起点。随着科学技术的进步，机器人的种类、功能越来越多，对机器人该如何定义呢？本任务就来学习一下国际上对机器人的几种定义。

【任务学习】

一、国际上机器人的几种定义

目前，虽然机器人已被广泛应用，但世界上对机器人还没有一个统一、严格、准确的定义，不同国家、不同研究领域给出的定义不尽相同。原因之一是机器人还在发展，新的机型、新的功能不断涌现。根本原因主要是机器人涉及人的概念，因此其定义成了一个难以回答的哲学问题。就像机器人一词最早诞生于科幻小说之中一样，人们对机器人充满了幻想。也许正是由于机器人定义的模糊，才给了人们充分的想象和创造空间。

微课

工业机器人的定义

国际上对机器人的定义主要有以下几种。

① 美国机器人工业协会（RIA）对机器人的定义。机器人是"一种用于移动各种材料、零件、工具或专用装置的，通过可编程的动作来执行各种任务的具有编程能力的多功能机械手"。这个定义叙述具体，更适用于对工业机器人的定义。

② 美国国家标准局（NBS）对机器人的定义。机器人是"一种能够进行编程并在自动控制下执行某些操作和移动作业任务的机械装置"。这也是一种比较广义的工业机器人的定义。

③ 日本工业机器人协会（JIRA）对机器人的定义。它将机器人分成两类：工业机器人是"一种能够执行与人体上肢（手和臂）类似动作的多功能机器"；智能机器人是"一种具有感觉和识别能力，并能控制自身行为的机器"。

④ 英国《牛津简明英语词典》对机器人的定义。机器人是"貌似人的自动机，是具有智力且顺从于人但不具有人格的机器"。这是一种对理想机器人的描述，到目前为止，尚未有与人类在智力上相似的机器人。

⑤ 国际标准化组织（ISO）对机器人的定义。其定义较为全面和准确，涵盖如下内容：a. 机

器人的动作机构具有类似于人或其他生物体某些器官（肢体、感官等）的功能；b. 机器人具有通用性，工作种类多样，动作程序灵活易变；c. 机器人具有不同程度的智能性，如记忆、感知、推理、决策、学习等；d. 机器人具有独立性，完整的机器人系统在工作中可以不依赖于人。

二、工业机器人的定义

美国机器人工业协会对工业机器人的定义：工业机器人是用来搬运材料、零件、工具等的可再编程的多功能机械手，或通过不同程序的调用来完成各种工作任务的特种装置。

英国机器人协会也采用了类似的定义。

国际标准化组织（ISO）曾于 1987 年对工业机器人给出了定义：工业机器人是一种具有自动控制的操作和移动功能，能够完成各种作业的可编程操作机。

ISO8373—2012 对工业机器人给出了更具体的解释：机器人具备自动控制及可再编程、多用途功能，机器人操作机具有 3 个或 3 个以上的可编程轴，在工业自动化应用中，机器人的底座可固定也可移动。

工业机器人最显著的特点有以下几个。

（1）可编程

生产自动化的进一步发展是柔性自动化。工业机器人可随其工作环境变化的需要而再编程，因此它在小批量多品种、具有均衡高效率的柔性制造过程中能发挥很好的功用，是柔性制造系统中的一个重要组成部分。

（2）拟人化

工业机器人在机械结构上有类似人的腿、腰、大臂、小臂、手腕、手等的部分，在控制上有计算机。此外，智能化工业机器人还有许多类似人类感知系统的"生物传感器"，如皮肤型接触传感器、力传感器、负载传感器、视觉传感器、声觉传感器等，有的还具有语言功能。传感器提高了工业机器人对周围环境的自适应能力。

（3）通用性

除了专门设计的专用的工业机器人外，一般工业机器人在执行不同的作业任务时具有较好的通用性。比如，更换工业机器人手部末端执行器（手爪、工具等）便可执行不同的作业任务。

（4）交叉性

工业机器人技术涉及的学科相当广泛，归纳起来是机械学和微电子学的结合——机电一体化技术。第三代智能化工业机器人不仅具有获取外部环境信息的各种传感器，而且还具有记忆能力、语言理解能力、图像识别能力、推理判断能力等人工智能，这些都与微电子技术的应用，特别是与计算机技术的应用密切相关。因此，机器人技术的发展必将带动其他技术的发展，机器人技术的发展和应用水平也可以表明一个国家科学技术和工业技术的发展水平。

总之，随着机器人的升级和机器人智能的发展，机器人的定义与工业机器人的定义将会被进一步修改，进一步明确和统一。

【思考与练习】

1. 简述国际上关于机器人的几种定义。

2. 简述工业机器人的几种定义。

3. 工业机器人最显著的特点是什么？

任务三 工业机器人发展史和发展趋势

【任务描述】

事物的完善离不开发展，只有不断地发展，纠错革新，才能不断进步。机器人也一样，也是历经了一代代的发展，才有了如今的成就。随着信息技术的发展，机器人将来还会不断地更新换代。本任务就来探索一下工业机器人的发展史以及未来的发展方向。

微课

工业机器人的
发展现状

【任务学习】

一、工业机器人发展史

1. 国外工业机器人发展史

第二次世界大战期间，美国原子能委员会的阿尔贡研究所研制了"遥控机械手"，用于代替人生产和处理放射性材料。1948年，人们对这种较简单的机械装置进行改进，开发出了一套机械结构相似的主、从机械手。主机械手位于控制室内，从机械手与主机械手之间隔了一道透明的防辐射墙。操作者用手操纵主机械手，控制系统自动检测主机械手的运动状态，并控制从机械手跟随主机械手运动，从而实现远距离处理放射性材料，提高了核工业生产的安全性。如图1-6所示，20世纪50年代Raymond C. Goertz使用电动机械操作机器人（主从式遥控机械手）处理放射性物质。

(a)   (b)

图1-6 主从式遥控机械手

1952年，美国麻省理工学院（MIT）受美国空军委托成功开发了第一代数控（CNC）机床——一台直线插补连续控制的三坐标立式数控铣床，并进行了与CNC机床相关的控制技术及机械零部件的研究，为机器人的开发奠定了技术基础。该数控机床使用的电子器件是电子管。该数控机床产生和发展的基础是微电子技术、自动信息处理技术、数据处理技术、电子计算机技术等，它的诞生推动了机械制造自动化技术的发展。

1956 年，一个地地道道的科幻迷、物理学家约瑟 • 英格伯格（Joe Engelberger）遇到了发明家乔治 • 德沃尔（George Devol），他们创立了美国万能自动化公司（Unimation），制造出了液压驱动的通用机械手 Unimate，如图 1-7 所示。它是世界上第一代工业机器人。1961 年，第一台工业机器人在美国通用汽车公司（GM）生产线上投入使用，主要用于从一个压铸机上把零件拔出来。随后几年卖出的通用机械手被用于车体的零部件操作和点焊。许多公司看到机器人能可靠工作并保证质量，也很快开始开发和制造工业机器人。20 世纪 50 年代是机器人的萌芽期，其概念是一个空间机构组成的机械臂，一个可重复编程动作的机器。

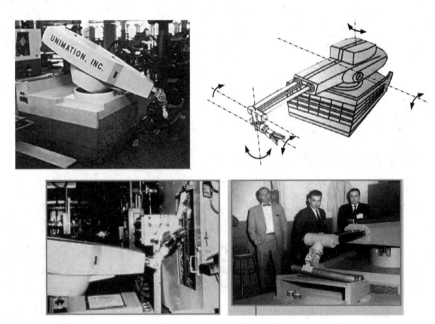

图 1-7　Unimate 机器人

20 世纪 60 年代，随着传感技术和工业自动化的发展，工业机器人进入成长期，机器人开始向实用化发展，并被用于焊接和喷涂作业中。1960 年，美国机床与铸造公司（AMF）生产了一台名为 Versation 的圆柱坐标型的数控自动机械，并以 Industrial Robot（工业机器人）的名称进行宣传，如图 1-8 所示。

1968 年，美国通用汽车公司（GM）订购了 68 台工业机器人；1969 年该公司又自行研制出 SAM 型工业机器人，并用 21 台工业机器人组成了点焊小汽车车身的焊接自动线。维克多 • 施恩曼（Victor Scheinman）设计出了"斯坦福手臂"，对今后的机器人设计产生了巨大影响。"斯坦福手臂"有 6 个自由度，全部电气化，由一台标准计算机控制，驱动系统由直流电动机、谐波驱动器和直齿轮减速器、电位器和用于位置速度反馈的转速表组成。

此时，日本的工业机器人研究刚起步。1967 年，丰田纺织自动化公司购买了第一台 Unimate 机器人；1968 年，川崎重工业公司从美国引进 Unimate 机器人生产技术，对其进行不断的研究、仿制、改进、创新，开发了日本第一台工业机器人——Kawasaki-Unimate2000 机器人，如图 1-9 所示。

图 1-8　Versation 机器人

图 1-9　Kawasaki-Unimate2000 机器人

20 世纪 70 年代，随着计算机和人工智能的发展，机器人进入实用化时代。ASEA 公司（现在的 ABB）推出了第一台微型计算机控制、全部电气化的工业机器人 IRB-6，它可以进行连续的路径移动，被迅速地运用到汽车的焊接和装卸中。据报道，这种设计使机器人的使用寿命高达 20 年。IRB-6 机器人如图 1-10 所示。日本的工业机器人研究虽起步较晚，但其结合国情，采取了一系列鼓励中小企业使用机器人的措施。1970 年 7 月，东京举办了世界上第一届机器人展览会，100 多家公司推出了自己制作的机器人样板，日本机器人工业的发展速度和规模令世界惊叹。1973 年，日本山梨大学的 Hiroshi Makino 开发出一种可选择柔顺装配机械手，极大地促进了世界范围内高容量电子产品和消费品的发展，如图 1-11 所示。

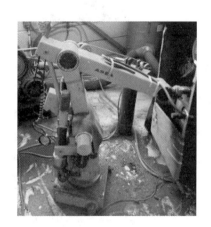

图 1-10　IRB-6

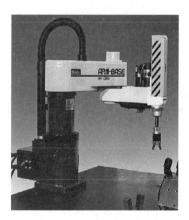

图 1-11　可选择柔顺装配机械手

1974 年，辛辛那提·米拉克龙（Cincinnati Milacron）推出了第一台微处理器控制机器人——T3（未来工具）机器人，它使用液压驱动，后来被电动机驱动替代，如图 1-12 所示。1979 年，Unimation 公司推出了六轴的、近似人手臂的 PUMA（Programmable Universal Machine for Assembly），它是当时最流行的手臂之一，且在之后许多年中都是机器人研究的参考对象，如图 1-13 所示。

20 世纪 80 年代，机器人发展成为具有各种移动机构、通过传感器控制的机器。工业机器人进入普及时代，开始在汽车、电子等行业得到大量使用。此时，日本成为应用工业机器人最多的国家，赢得了"机器人王国"的美誉，并正式把 1980 年定为工业机器人的普及元年。

图 1-12　T3 机器人

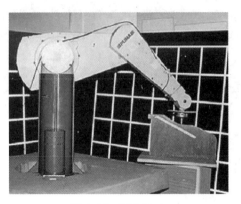

图 1-13　PUMA

20 世纪 90 年代初期，工业机器人的生产与需求进入了高潮期，1991 年年底，世界上已有 53 万台工业机器人工作在各条生产线上。

图 1-14　悬挂式机械臂

1998 年，Gudel 公司提出了一种有刻痕的桶架结构，让机器人手臂在一个封闭的转移系统中循迹并循环运动。如图 1-14 所示，这种悬挂式机械臂是弯曲门架的传输系统，在一个闭环传输系统中一个或多个机械臂用作承运装置。这个系统可以在弯曲门架中安装，也可以作为一个走廊支撑系统。一个信号总线能完成多个机器人的控制和协同。

21 世纪，工业机器人进入了商品化和实用化阶段。2005 年安川电机（简称安川）推出了第一个商用的同步双臂操作机器人，如图 1-15 所示。2006 年，库卡（KUKA）公司开发了一款拥有先进控制能力的轻型 7 自由度机械臂，它可实现机械臂自重与负载比为 1:1，如图 1-16 所示。另一个能达到轻质量且结构坚固的方法是 20 世纪 80 年代开始就一直被探索的，即并联结构机器人。这些机器人通过 2 个或 2 个以上的并联支架将末端执行器与机器人基本平台相连。最初，Clavel 提出了 4 轴机器人，用于高速抓取和放置任务，加速度可达到 10g。

与此同时，工业机器人自动导航搬运车（AGVs）诞生了，例如图 1-17 所示的自主式叉车。近几年，亚马逊仓库使用了 KIVA 机器人（见图 1-18），它的长和宽均不到 1m，但能顶起 1t 的货物，可以通过摄像头和货架上的条形码进行准确定位。机器人颠覆了传统的仓库运行模式，即将"人去找货"变成了"货去找人"的模式，让仓库"自己会说话"。KIVA 机器人每年为亚马逊节约 9 亿美元。

截至 2007 年，工业机器人的平均单价是 1990 年同等机器人价格的 1/3。同时机器人的性能得到了显著的改善；出现了多机器人协同工作；机器人更多地采用视觉系统识别、定位和控制物体；机器人使用现场总线和以太网进行网络连接，实现了更好的机器人集成系统的控制、配置和维护。汽车生产厂商在生产线上应用了大量机器人，如图 1-19 所示。

图 1-15　双臂机器人

图 1-16　KUKA 轻型机械臂

图 1-17　自主式叉车

图 1-18　KIVA 机器人

图 1-19　机器人在汽车生产线上的应用

近年来，全球工业机器人行业保持快速发展，数据显示（见图 1-20）2016 年全球工业机器人销量 29.4 万台，同比增长约 16%，2013 年以来年平均增速 16.8%。日本和欧洲是全球工业机器人市场的两大主角，并且实现了传感器、控制器、精密减速机等核心零部件完全自主化。ABB、库卡（KUKA）、发那科（FANUC）、安川电机（YASKAWA）4 家生产商占据着工业机器人主要的市场份额。

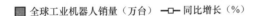

图 1-20　2010—2017 年全球工业机器人市场销量分析

2. 我国工业机器人发展史

我国工业机器人研究开始于 20 世纪 70 年代，但由于基础条件薄弱、关键技术与部件不配套、市场应用不足等原因，未能形成真正的产品。随着世界机器人技术的发展和市场的形成，我国在机器人科学研究、技术开发和应用工程等方面取得了可喜的进步。20世纪80年代中期，在国家科技攻关项目的支持下，我国工业机器人研究开发进入了一个新阶段，形成了我国工业机器人发展的一次高潮，高校和科研单位全面开展工业机器人的研究。以焊接、装配、喷漆、搬运等工作为主的工业机器人，以交流伺服驱动器、谐波减速器、薄壁轴承为代表的零部件，以及机器人本体设计制造技术、控制技术、系统集成技术和应用技术都取得了显著成果，如图 1-21 所示。

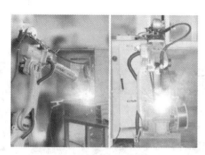 

（a）焊接机器人　　　　　　　　　　（b）搬运机器人

图 1-21　焊接机器人与搬运机器人

从20世纪80年代末到90年代，国家863计划把机器人列为自动化领域的重要研究课题，系统地开展了机器人基础科学、关键技术与机器人零部件、目标产品、先进机器人系统集成技术的研究及机器人在自动化工程上的应用。在工业机器人选型方面，确定了以开发点焊机器人、弧焊机器人、喷漆机器人、装配机器人、搬运机器人等为主，并开发了水下机器人、自动引导车（AGV）、爬壁机器人、擦窗机器人、管内移动作业机器人、混凝土喷射机器人、隧道凿岩机器人、微操作机器人、服务机器人、农林业机器人等特种机器人，如图 1-22（a）、（b）所示。同时完成了汽车车身点焊、后桥壳弧焊，摩托车车架焊接，机器人化立体仓库［见图 1-22（c）］等一批机器人自动化应用工程。这是我国机器人事业从研制到应用迈出的重要一步。

（a）水下机器人　　　　　（b）自动引导车（AGV）　　　　　（c）机器人化立体仓库

图 1-22　多种类型的机器人

一批从事机器人研究、开发、应用的人才和队伍在实践中成长、壮大，一批以机器人为主业的产业化基地已经破土而出，如中国科学院沈阳自动化研究所的沈阳新松机器人自动化股份有限公司（简称沈阳新松机器人）、哈尔滨工业大学的博实研究院、北京机械工业自动化研究所机器人开发中心和青岛海尔机器人有限公司等。

机器人产业从无到有，由弱变强，实现了跨越式发展。过去几年中，我国机器人市场发展迅猛，是全球增长最快也是最大的需求市场。2016 年我国工业机器人销量 8.7 万台，同比增长 26.8%，比全球增速快，占全球销量的 30%。2017 年我国工业机器人年销量 11.1 万台，同比增长 27.59%，增速连续 3 年提高，如图 1-23 所示。

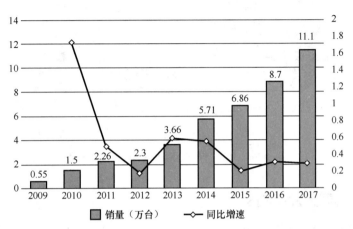

图 1-23　2009—2017 年中国工业机器人市场销量分析

2012 年至今的上海，中国国际工业博览会的工业自动化展中的工业机器人展更是引人注目，惊艳四方。除了有 ABB、FANUC、KUKA、史陶比尔、爱普生（EPSON）、广州数控和雅马哈（YAMAHA）等企业，还有中国机器人产业领跑者——沈阳新松机器人，拥有全球领先机器人产品的日本那智不二越，以及引领国内外产业用机器人市场的安川电机等。同时，如日本车乐美机械设备，德国斯图加特机器人、中国江阴纳尔捷机器人、埃夫特智能装备和南京埃斯顿机器人等都亮相展会。日本机器人四大家族齐聚首，展示自家最新产品和技术，我国国内厂家也争相角逐，展会现场热闹火爆。搬运机器人、焊接机器人和喷涂机器人等充分展示了工业机器人在汽车、电子、食品包装和医疗等各行业的运用。此外工业机器人还展示了它们的绘画、写字与雕刻等特长。

国际机器人联合会（IFR）公布的《2016 年全球机器人行业发展报告》显示，自 2013 年以来，中国已经连续五年成为全球第一大机器人消费国，但产业大而不强，工业机器人还处在产业化的初期阶段，外资品牌占有绝大部分的市场。在应用的可靠性和性价比上，自主品牌与国际品牌相比均处于劣势。根据统计，2016 年以工业机器人四大家族 ABB、KUKA、安川电机、FANUC 为首的外企品牌占中国机器人行业 57% 的市场份额，如图 1-24 所示。然而，国内机器人企业正以强劲态势抢占市场份额。2013—2016 年，中国本土品牌工业机器人所占份额已经从 25% 上升到 31%。

专家认为，造成这一状况的主要原因是我国机器人核心技术缺失。精密减速器、控制器、伺服系统以及高性能驱动器等机器人核心零部件大部分依赖进口，而这些零部件占到整体生产成本的 70% 以上。其中，精密减速器 75% 的份额被日本垄断，国内企业高价购买所造成的成本即占总生产成本的 45%，而在日本仅为 25%，我国采购核心零部件的成本就已高于国外同款机器人的整体成本，因此在高端机器人市场上根本无法与国外品牌竞争。以 RV 减速器为例，中国申请人申请的专利仅 26 件，且有效专利只有 13 件，发明专利只有 2 件；国外申请人在我国申请了专利 47 件，其中有效的 26 件全部是发明专利，而且，我国企业申请的专利都不属于核心技术①。

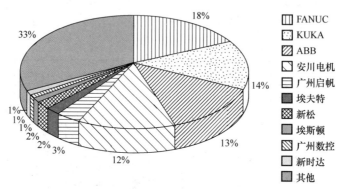

图 1-24　2016 年我国工业机器人市场份额

二、工业机器人发展趋势

未来如果机器人能更容易安装，能与其他制造单元集成和编程，尤其具备自适应感知和自动纠错恢复能力，那么其可行的应用范围将被大大地拓宽。从近几年世界上推出的机器人产品来看，工业机器人技术的发展趋势主要为：结构模块化和可重构化；控制技术的开放化、PC 化和网络化；伺服驱动技术的数字化和分散化；多传感器融合技术的实用化等方面。同时随着计算机技术不断向智能化方向发展、机器人应用领域的不断扩展和深化，以及在系统（FMS、CIMS）中的群体应用，工业机器人也在不断向智能化方向发展，以适应"敏捷制造"，满足多样化、个性化的需要，并适应多变的非结构环境作业，向非制造领域进军。

2018 年 8 月 16 日《中国机器人产业发展报告（2018）》正式发布，报告中指出：2018 年，机器人的全球市场规模达 298.2 亿美元，2013—2018 年平均增长率为 15.1%，其中，工业机器人为 168.2 亿美元，服务机器人为 92.5 亿美元，特种机器人为 37.5 亿美元，其结构比例如图 1-25 所示。

报告中还指出：2018 年，机器人在中国的市场规模达 87.4 亿美元，2013—2018 年平均增长率为 29.7%，其中，工业机器人为 62.3 亿美元，服务机器人为 18.4 亿美元，特种机器人为 6.7 亿美元，其结构比例如图 1-26 所示。

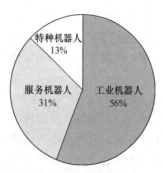

图 1-25　2018 年全球机器人市场结构

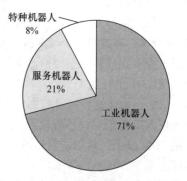

图 1-26　2018 年中国机器人市场结构

---

① 源自 2014 年 8 月 11 日《经济日报》第 15 版：创新。

　　展望未来中国工业机器人的发展，标准化的过程是发展趋势。中国制造业面临着向高端转变，承接国际先进制造、参与国际分工的巨大挑战。加快工业机器人技术的研究开发与生产是中国抓住这个历史机遇的主要途径。伴随移动互联网、物联网的发展，多传感器、分布式控制的精密型工业机器人将会越来越多，逐步渗透制造业的方方面面，并且由制造实施型向服务型转化。未来我国工业机器人的大范围应用将会集中在广东、江苏、上海、北京等地，其工业机器人拥有量将占全国一半以上。

　　日益增长的工业机器人市场以及巨大的市场潜力吸引着世界著名机器人生产厂家的目光。当前，我国进口的工业机器人主要来自日本，但是随着具有自有知识产权的企业不断出现，越来越多的工业机器人将会由中国制造。

【思考与练习】

　　1. 简述国外工业机器人的发展历程。

　　2. 简述我国工业机器人的发展历程。

　　3. 工业机器人的发展方向是什么？

项目总结

　　本项目从神话故事和历史典故展开介绍，讲解了历史中关于机器人的一些原型，并阐述了"机器人三原则"。对工业机器人的定义主要可参考美国、日本、英国、国际标准化组织等的定义，这些定义的描述虽略有区别，但基本内容是一致的。本项目叙述了工业机器人的发展史和发展趋势，指明我国已成为工业机器人领域发展最快的国家，但还不是工业机器人技术开发强国。项目一的技能图谱如图 1-27 所示。

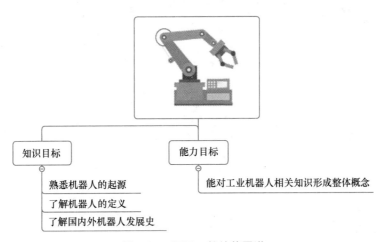

图 1-27　项目一的技能图谱

项目习题

1. 阐述工业机器人的定义。
2. 阐述工业机器人的主要应用场合。这些场合有什么特点？
3. 简述工业机器人的应用现状和发展趋势。
4. 请列举 5 个以上国内外工业机器人制造商。

项目二
工业机器人分类和技术参数

项目引入

　　不同品牌的工业机器人的形式、应用领域略有不同，但结构基本相似。对工业机器人可以从拓扑结构、坐标系、控制方式等方面进行分类。不同类型工业机器人在控制方式、工作空间、适应领域上的差异是工业机器人选型时需要统筹考虑的因素。

　　在进行工业机器人的设计和选型时，还要充分考虑工业机器人的各项技术参数（自由度、工作空间、定位精度等），技术参数是否满足需求是判断所选工业机器人是否合适的指标和依据。

　　本项目的学习内容就是熟悉工业机器人的几种分类方式及其技术参数。

知识图谱

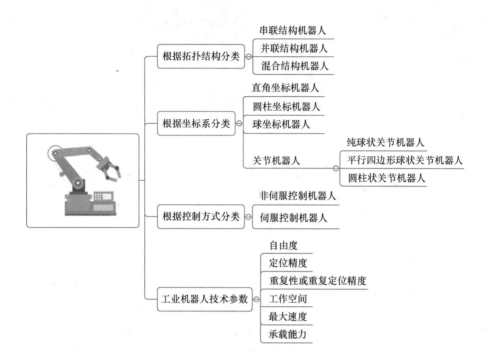

任务一　根据拓扑结构分类

【任务描述】

根据工业机器人机械结构对应的运动链的拓扑结构，可以将工业机器人的结构分为3类：串联结构、并联结构和混合结构。本任务分别讲解3种结构的工业机器人的结构形式、特点、应用等。

【任务学习】

一、串联结构机器人

当各连杆组成一开式机构链时，所获得的机器人结构称为串联结构，如安川 MH6 型工业机器人。串联结构机器人（简称串联机器人）如图 2-1 所示，包括以底座为开始，以末端执行器为结束的一系列连杆和关节。它的连杆和关节常常被设计成可以提供独立平移和定方向的结构。由单一的一系列连杆和关节组成的机器人，就定义为串联机器人。当前工业机器人大多采用串联结构。

串联机器人的自由度较并联机器人多，要使串联机器人成为运动的机构，就需要更多的驱动器。一般来说，串联机器人每个连杆上都要安装驱动器，通过减速器来驱动下一个连杆，后续连杆的驱动器和减速器变成前面驱动系统的负载，因此，前端连杆强度和驱动功率要大，这决定了这种结构的能量效率不高。但其末端构件的运动与并联机器人中任何构件的运动相比，更为任意和复杂多样，有时可绕过障碍到达一定的位置。串联机器人采用计算机控制系统，可实现复杂的空间作业运动。串联机器人具有结构简单、成本低、控制简单、运动空间大等优点，有的已经具备快速、高精度和多功能化等特点。

经过近 50 年的发展，国内外的串联机器人技术已经较为成熟，尤其国外的串联机器人技术与应用已达到较高的成熟度。工业中，串联机器人的数量最多，应用领域也最广，比如喷漆、装配、搬运、焊接等。汽车生产线上多台串联机器人协同工作的现场如图 2-2 所示，多台串联机器人各司其职，相互配合完成工作。除传统工业行业领域外，串联机器人还应用于海洋开发、太空探测、精密仪器研发等新兴工业行业领域。

图 2-1 串联机器人　　　　图 2-2 串联机器人在汽车生产线上工作

二、并联结构机器人

当末端执行器通过至少两个独立运动链和基座相连，且组成一闭式机构链时，所获得的机器人结构称为并联结构，并联结构机器人（简称并联机器人）如图 2-3 所示。

并联机器人由两个或两个以上串联机器人来支撑末端执行器。如 Stewart 平台，由 6 个串联链将一个末端平台连接到基座，如图 2-4（a）所示。在设计阶段，并联机器人结构常采用的一个共同特性是：用相同结构且对称放置的腿连接基座和动平台。每条腿是具有一个或两个主动自由度的串联运动链，其余的自由度均为被动自由度。它的运动空间也具有对称性，但不是轴对称的。对称性由腿的数目和驱动关节的类型确定。

对 6 个转动自由度串联组成的工业机械手来说，负载与自重的比例基本上小于 0.15，而并联机构中，此比例可大于 10，并联机构承载能力强。Stewart 平台的另一个优点就是定位精度很高，因为每条支链本质上只受到拉力或压力而几乎不产生弯曲，所以变形很小。

此外并联机器人还具有以下特点：①与串联机构相比刚度大，结构稳定；②运动负荷小；③在位置求解上，串联机构正解容易，但反解十分困难，而并联机构正解困难，反解却非常容易。由于机器人在线实时计算时要计算反解，因此这对串联机构十分不利，而对并联机构却容易实现。但目前的并联机器人机构普遍存在工作空间小、结构尺寸偏大、传动环节过多、工作空间内可能存在奇异位形等问题。

近年来几乎所有陆基式天文望远镜都采用了并联机构，用作主镜或副镜的校准系统。

1995 年执行 STS-63 任务的航天飞机中使用了线驱动的并联机器人，同时有一个八腿并联机器人被用于从振动中分离飞船的有效载荷。并联机器人非常适合高速度（如手爪）、高精度（如用于加工）或者处理高负荷的场合。ABB 机器人公司推出的 FlexPicker 机器人就属于并联机器人，具有很好的销售市场，被广泛用于食品加工等行业，如图 2-4（b）所示。

图 2-3　并联机器人

（a）Stewart 平台

（b）FlexPicker 机器人

图 2-4　并联机器人示例

三、混合结构机器人

将串联机器人和并联机器人有机结合起来的机器人，即为混合结构机器人，或称混联机器人。混联机器人在结构上常有 3 种形式。

（1）并联机构通过其他机构串联而成

以并联机构替换基于串联机构中的某个关节或杆件，例如在传统的串联机器人的执行端插入并联机构，如图 2-5 和图 2-6 所示。此类混联机器人是最常见的。

图 2-5　混联式搬运机器人总体布局

图 2-6　混联机器人及应用

（2）并联机构直接串联在一起

这类混联机器人是将多个并联机构以串联机器人的设计思路进行结构设计的，例如将具有多个相同或不同自由度的并联机构通过转动副或移动副等其他运动副的形式串联在一起。此类机器人往往用于构造柔性机器人。

（3）在并联机构的支链中采用不同的结构

这类混联机器人是对并联机构的支链进行变形，尤其是替换或嵌入其他的并联机构，例如将具有多个相同或不同自由度的并联机构作为并联机器人的某一个或多个支链。

混联机器人既有并联机器人刚度好的优点，又有串联机器人工作空间大的优点，能充分发挥串联机器人、并联机器人各自的优点，进一步扩大机器人的应用范围，提高机器人的性能。

【思考与练习】

1. 简述串联结构机器人的结构形式、特点和应用。
2. 简述并联结构机器人的结构形式、特点和应用。
3. 简述混合结构机器人的结构形式、特点和应用。

任务二　根据坐标系分类

【任务描述】

由于在工业机器人的应用领域中，装配、码垛、喷涂、焊接、机械加工以及一般的手工业对机器人的负载能力、关节数量以及工作空间容量的要求是不同的，因此产生了不同坐标型的机器人，主要有直角坐标机器人、圆柱坐标机器人、球坐标机器人（也称极坐标机器人）、关节机器人。本任务分别讲解4种坐标系形式的工业机器人的结构形式、特点、应用等。

微课

工业机器人分类——
按照坐标系

【任务学习】

一、直角坐标机器人

直角坐标机器人（3P）结构比较简单，其手臂按直角坐标形式配置，即通过3个相互垂直轴线上的移动来改变手部的空间位置。此类机器人的结构和控制方案与机床类似，其到达空间位置的3个运动均由直线构成，运动方向相互垂直，末端操作由附加的旋转机构实现，如图2-7所示。

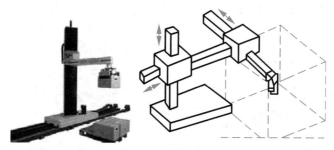

图2-7　直角坐标机器人及其运动空间

直角坐标机器人又称为笛卡儿坐标机器人，主要有悬臂式和龙门式两种。

悬臂式直角坐标机器人如图 2-8 所示，其机械手构件受到约束，在平行于直角坐标轴 x、y、z 的方向上移动，悬臂连接到主干，而主干又与基座相连接。

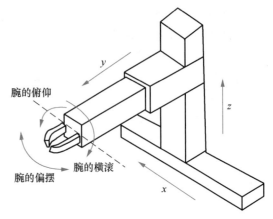

图 2-8　悬臂式直角坐标机器人

龙门式直角坐标机器人也称为桁架机器人，如图 2-9 所示。它一般在需要精确移动以及负载较大的时候使用，这类机器人的整个基座安装在一个允许在一个平面内运动的物体上（例如 x-y 平台或导轨）。

直角坐标机器人的优点：在直角坐标空间内，空间轨迹易于求解，很容易通过计算机实现控制，因为各轴线位移分辨率在操作范围内任一点上均为恒定，容易达到高定位精度，因此简易和专用的工业机器人常采用这种结构形式。其缺点：本体占空间体积大，工作空间小，操作灵活性差。

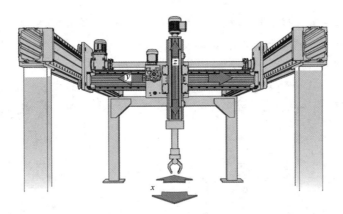

图 2-9　龙门式直角坐标机器人

二、圆柱坐标机器人

圆柱坐标机器人（R2P）是指机器人的手臂按圆柱坐标形式配置，即通过两个移动和一个转动来实现手部空间位置的改变。此类机器人在基座水平转台上装有立柱，立柱上安装了水平臂或杆架，水平臂可沿立柱做上下运动，并可在水平方向伸缩，如图 2-10 所示。

① 水平臂可伸缩（沿 r 方向）。

② 滑动架（托板）可沿立柱上下移动（沿 z 轴方向）。

③ 水平臂和滑动架组合件可作为基座上的一个整体而旋转（绕 z 轴）。

一般不允许组合件旋转 360°，因为液压、电气或气动连接机构或连线对机构存在约束。此外，根据机械上的要求，水平臂伸出长度有一最小值和最大值。所以，此机器人总的体积或工作包络范围是图 2-10

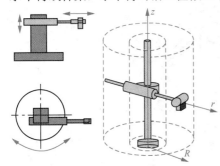

图 2-10　圆柱坐标机器人及其运动空间

中虚线组成的空心圆柱体的一部分。

其优点：运动学模型简单；末端执行器可以获得较高的速度；直线部分可采用液压驱动，可输出较大的动力；能够伸入型腔式机器内部；相同工作空间，本体所占空间体积比直角坐标机器人要小。缺点：它的手臂可以到达的空间受到限制，不能到达近立柱或近地面的空间；末端执行器外伸离立柱轴心越远，线位移分辨精度越低；手臂工作时，手臂后端会碰到工作范围内的其他物体。

三、球坐标机器人

球坐标机器人（2RP）是指机器人的手臂按球坐标形式配置，其手臂的运动由一个直线运动和两个转动组成。手臂不仅可绕垂直轴旋转，还可绕水平轴做俯仰运动，且能沿手臂做伸缩运动，如图 2-11 所示。

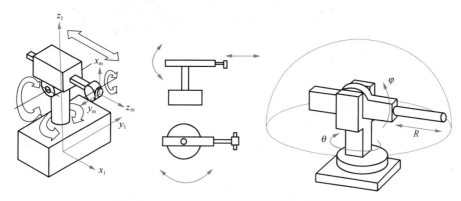

图 2-11　球坐标机器人运动示意图及其运动空间

① 其手臂可伸出或缩回（R），类似于可伸缩的望远镜套筒。
② 在垂直面内绕轴回转（φ）。
③ 在基座水平面内转动（θ）。
由于机械和驱动器连线的限制，机器人的工作包络范围是球体的一部分。

其优点：本体所占空间体积小，结构紧凑；中心支架附近的工作范围大，伸缩关节的线位移恒定。缺点：该坐标复杂，轨迹求解较难，难于控制，且转动关节在末端执行器上的线位移分辨率是一个变量。

四、关节机器人

关节机器人一般由多个转动关节串联起若干连杆组成，其运动由前后的俯仰及立柱的回转构成。关节机器人实际上有 3 种不同的形状：纯球状、平行四边形球状和圆柱状。

1. 纯球状关节机器人

纯球状关节机器人所有的连杆都用枢轴装配而成，因而都可以旋转，如图 2-12（a）所示。机械臂的前臂和末端执行器相连，该枢轴常称为腕关节，允许末端执行器转动角度 β；上臂和前臂相连，该枢轴常称为肘关节，允许前臂转动角度 α；上臂与基座相连，与基座垂直的面内的运动可绕此肩关节转动角度 φ；基座可自由转动，因而整个组合件可在与基座平行的平面内转动角度 θ，具有这类结构的机器人的工作包络范围大体上是球状的。这种设计的优点主要是机械臂可以达到机器人基座附近的地方，并越过其工作范围内的人和障碍物。

2. 平行四边形球状关节机器人

平行四边形球状关节机器人用多重闭合的平行四边形的连杆机构代替单一的刚性构件的上臂，如图 2-12（b）所示。这种结构允许关节驱动器位置靠近机器人的基座或装在机器人的基座上，这就意味着它们不是装在前臂或上臂之内或之上，从而使臂的惯性及重量大为减小，结果是采用同样大小的执行器时它们所具有的承载能力比纯球状关节机器人要大。此外它的机械刚度比其他大多数机械手大。

（a）纯球状关节机器人　　　　　（b）平行四边形球状关节机器人

图 2-12　关节机器人

平行四边形球状关节机器人的优点：结构紧凑，工作范围广且占用空间小，动作灵活，具有很高的可达性，可以轻易避障或伸入狭窄弯曲的管道作业，对多种作业都有良好的适应性。缺点：运动学模型复杂，高精度控制难度大，与纯球状关节机器人的工作范围相比较，受到的限制较大。

目前，该类型机器人已应用于装配、货物搬运、电弧焊接、喷漆、点焊等作业场合，成为使用较为广泛的机器人。后续内容将重点围绕该类工业机器人阐述。

3. 圆柱状关节机器人

圆柱状关节机器人是关节机器人中比较特殊的一种，也称平面关节机器人（Selective Compliance Assembly Robot Arm，SCARA）。该结构机器人的各个臂都只沿水平方向旋转，具有平行的肩关节和肘关节，关节轴线共面。这种机器人有精密且快速的优点，目前普遍用于装配，也称装配机器人。此外，它也可应用于电子、机械和轻工业等有关产品的搬运、调试等工作。由于装配操作对姿态的要求一般只需绕 z 轴转动，垂直作用范围有限（z 方向），故其一般是由转动关节组成的。通常 z 轴运动由一简单的气缸或步进电动机控制，而其他轴则采用较精巧的电气执行器（如伺服电动机）控制。根据作业要求，少部分操作在手腕处增加一个沿 z 轴的微小移动，如图 2-13 所示。

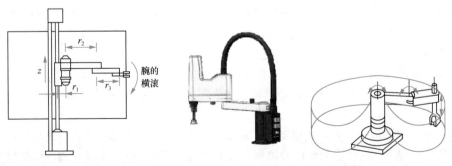

图 2-13　圆柱状关节机器人运动示意图及其运动空间

其优点：结构复杂性较小，在水平方向有顺应性，具有速度快、精度高、柔性好等特点。缺点：在垂直方向具有很大的刚性。

不同坐标系类型机器人具有不同的特征，如表 2-1 所示，其中将平面关节机器人单独作为一类。

表 2-1　　　　　　　　　　　　　　5 类坐标型机器人的特征

名称	特征说明
直角坐标机器人	机器人的手臂按直角坐标形式配置，即通过3个相互垂直轴线上的移动来改变手部的空间位置
圆柱坐标机器人	机器人的手臂按圆柱坐标形式配置，即通过两个移动和一个转动来实现手部空间位置的改变
球坐标机器人	机器人的手臂按球坐标形式配置，其手臂的运动由一个直线运动和两个转动组成
关节机器人	机器人的手臂按类似人的腰部及手臂形式配置，其运动由前后的俯仰及立柱的回转构成
平面关节机器人	它可以看成关节机器人的特例，只有平行的肩关节和肘关节，关节轴线共面

直角坐标机器人（腕关节的轴可旋转或不可旋转）拥有最简单的变形和控制方程。它的移动（直线运动）轴相互垂直，使运动的规划和计算变得简单，且主运动轴之间不存在耦合，控制方程被大大简化。有转动关节的机器人结构更紧凑和高效，但控制难度加大。选择机器人结构时要考虑其运动、结构特点及任务需求。比如，当需要实现精确的、垂直的直线运动时，应选择一个简单的棱柱垂直关节轴的机器人，而不是需要协调控制 2 个或 3 个转动关节的机器人。

【思考与练习】

1. 简述直角坐标机器人的机械结构形式和特点。
2. 简述圆柱坐标机器人的机械结构形式和特点。
3. 简述球坐标机器人的机械结构形式和特点。
4. 简述 3 种形式的关节机器人（纯球状关节机器人、平行四边形球状关节机器人、圆柱状关节机器人）的机械结构形式和特点。

任务三　根据控制方式分类

【任务描述】

根据控制方式可将工业机器人分为非伺服控制机器人和伺服控制机器人，本任务分别介绍两种控制方式的工业机器人的特点、应用等。

【任务学习】

一、非伺服控制机器人

从控制的角度来看，非伺服控制是最简单的形式。这类机器人又被称为端点机器人或开

微课

工业机器人分类——
按照控制方式

关式机器人。不考虑机械结构或用途如何，这类机器人的主要特点是：轴保持运动，直至走完各自的行程范围为止；每个轴只设定两个位置，即起始位置与终止位置；轴开始运动后，只有碰到适当的定位挡块时才停止运动，运动过程中没有监测。因此，这类机器人处于开环控制状态。

在较小型的机器人中常使用开环或非伺服控制，其特点如下。

（1）臂的尺寸小且轴的驱动器施加的是满动力，速度相对较大。

（2）价格低廉，易于操作和维修，同时也是极为可靠的设备。

（3）工作重复定位精度约为 ±0.254mm。

（4）在定位和编程方面灵活性有限。

二、伺服控制机器人

伺服控制机器人分为连续控制类和定位（点到点）控制类。无论哪一类，都要对位置和速度的信息进行连续监测，并反馈到与机器人各关节有关的控制系统中。因此，其各轴都是闭环控制。闭环控制使机器人的构件能按照指令在各轴行程范围内的任何位置移动。

与非伺服控制机器人相比，伺服控制机器人具有以下特点。

（1）有较大的记忆存储容量。

（2）机械手端部可按 3 个不同类型的运动方式移动：点到点、直线、连续轨迹。

（3）在机械允许的极限范围内，位置精度可通过调节伺服回路中相应放大器的增益加以变动。

（4）编程工作一般以示教模式完成。

（5）机器人几个轴之间的"协同运动"，使机械手的端部描绘出一条极为复杂的轨迹，一般在小型或微型计算机控制下自动进行。

（6）价格贵，可靠性稍差。

【思考与练习】

1. 简述非伺服控制机器人的特点。

2. 简述伺服控制机器人的特点。

任务四 工业机器人技术参数

【任务描述】

工业机器人是否适用，需要按一定的依据来判断，这些依据就是本任务所讲的技术参数，本任务主要介绍工业机器人常用技术参数的含义及其对工业机器人的影响。

【任务学习】

工业机器人制造商在提供机器人产品的同时会给出该机器人的技术参数。以安川 MH6 型工业机器人（见图 2-14）为例，其技术参数如表 2-2 所示。

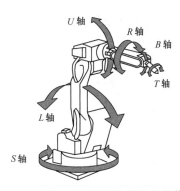

图 2-14 安川 MH6 型工业机器人关节轴

表 2-2   安川 MH6 型工业机器人技术参数

项目	技术参数	
控制轴数	6	
负荷能力	6kg	
重复定位精度	±0.08mm	
最大动作范围	S	+170°
	L	+155°～-90°
	U	+205°～-175°
最大动作范围	R	+180°～-180°
	B	+225°～-45°
	T	+360°～-360°
最大速度	9000cm/min （线速度为1.5m/s）	
质量	130kg	
周围条件	温度	0～45℃
	湿度	20%～80%
	振动加速度	4.9m/s^2
工作范围	最小381m 最大1422m	
功率	1.5kW	

一、自由度

自由度（Degree of Freedom，DOF），又称坐标轴数（或轴数），指描述物体运动所需要的独立坐标数。手指的开、合，以及手指关节的自由度一般不包括在内。

一般机器人的作业任务决定其自由度数。当人们期望机器人能够以准确的方位把它的端部执行装置或与它连接的工具移动到给定点时，如果机器人的用途预先不知道，那么它应当具有 6 个自由度。若要把一个球放到空间某个给定位置，则有 3 个自由度就足够了；若要对某旋转钻头进行定位与定向，则需要 5 个自由度，如图 2-15 所示。

微课

工业机器人的技术
参数—自由度

27

在三维空间中描述一个物体的位置和姿态（简称位姿）需要 6 个自由度。但是工业机器人的自由度是根据其用途而设计的，因此可能小于 6 个自由度，也可能大于 6 个自由度。例如，ABB1410 机器人具有 6 个自由度，如图 2-16 所示，可以进行复杂空间曲面的弧焊作业。从运动学的观点看，在完成某一特定作业时具有多余自由度的机器人，就叫作冗余自由度机器人，亦可简称冗余度机器人。例如，ABB1410 机器人在执行印制电路板上接插电子器件的作业时就成为冗余度机器人。利用冗余的自由度可以增加机器人的灵活性，更好地躲避障碍物和改善动力性能。

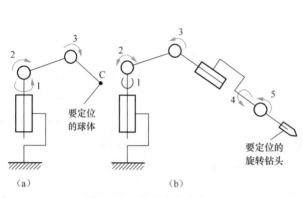

图 2-15　机器人自由度 　　　　　　　图 2-16　ABB1410 机器人

自由度直接影响机器人的机动性。自由度越高，机器人的灵活性相应增加，功能也相应增加，它是衡量机器人适应性和灵活性的重要指标。但是自由度越高，控制越复杂，而且随着关节的增加，调试的复杂程度也会相应增加，系统潜在的机械共振点也不成比例地增加。

二、定位精度

定位精度（Positioning Accuracy）指机器人到达指定点的精确程度，即指机器人末端参考点实际到达的位置与所需要到达的理想位置之间的差距，如图 2-17 所示。差距越小，说明精度越高。该指标对于非重复性的任务非常重要，它与机器人制造工艺、驱动器的分辨率和反馈装置有关。典型的工业机器人精度范围从具有低级计算机模型的非标定执行器的 ±10mm，到精确的机械工具执行器的 ±0.01mm。

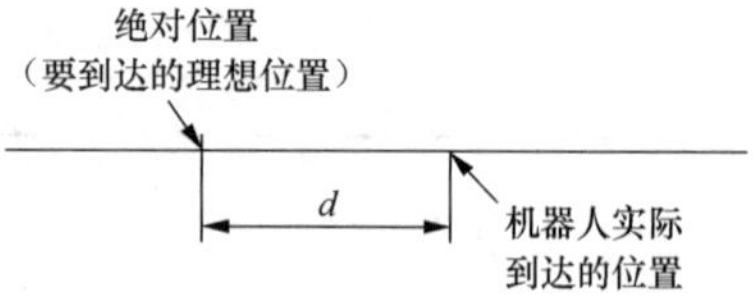

微课

工业机器人的技术参数—定位精度

绝对位置
（要到达的理想位置）

d

机器人实际
到达的位置

图 2-17　定位精度

三、重复性或重复定位精度

重复性（Repeatability）指工业机器人在同一条件下用同一方法操作时，重复 n 次所测得的位置与姿态的一致程度，可以用重复定位精度这个统计量来表示，它用来衡量一系列误差值的密集度，即重复度。做往复运动的物体，每次停止的位置与设定次数取得的平均值之间角度或长度的差值越小，精度越高，如图 2-18 所示。一般情况下，重复定位精度是呈正态分布的。描述方式示例：±0.08mm。它不仅与机器人驱动器的分辨率及反馈装置有关，还受进给系统的间隙与刚性以及摩擦特性等因素的影响。

重复性代表了执行器多次返回到同一个位置的能力。由于不同的执行器运行程序设计的影响，大多数制造商更倾向于以一个他们自己定义的参量来评价重复性。这个参量是指，从同样的初始位置开始，采用同样的程序、载荷和安装设定，机械臂回到初始位置时，实际位置与标准位置之间的差距。当进行重复的工作，如盲装配时，重复性非常重要。典型重复定位精度的范围从大型电焊机器人的 1～2mm 到精确机器人的 0.005mm。

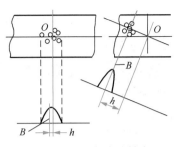

图 2-18　重复定位精度
B—标准位置；h—重复定位精度

四、工作空间

工作空间（Working Space）指机器人手腕参考点或末端执行器安装点（不包括末端执行器）所能到达的所有空间区域。末端执行器的形状和尺寸是多种多样的，为了真实反映机器人的特征参数，工作空间一般不包括末端执行器本身所能到达的区域，如图 2-19 所示。工作空间的形状和大小是十分重要的，机器人在执行某作业时可能会因为存在手部不能到达的作业死区而不能完成任务。可以用机器人关节长度和其构型的函数描述它，也可用几何法得到它。安川 DX100 工业机器人的工作空间如图 2-19（b）所示。

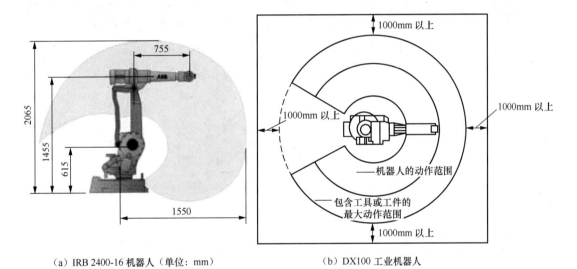

（a）IRB 2400-16 机器人（单位：mm）　　　　　（b）DX100 工业机器人

图 2-19　工业机器人的工作空间

五、最大速度

最大速度指在各轴联动的情况下，机器人手腕中心所能达到的最大线速度。最大的关节速度（角速度或线速度）并不是一个独立的值。对于更长距离的运动，最大速度往往被伺服电动机的总线电压或最大允许的电动机转速所限制。对于大型机器人，典型的末端执行器峰值速度可高达 20m/s。工作时速度越高，工作效率越高。但是，速度高就要花费更多的时间去升速或降速，对工业机器人的最大加速度或最大减速度的要求更高。

六、承载能力

承载能力是指机器人在工作范围内的任何位置上所能承受的最大质量。承载能力不仅取决于负载的质量，而且要将末端执行器的质量和惯性力列入考虑范围。承载能力与机器人运行的

速度和加速度的大小、方向有关，为了安全起见，这一技术指标是指高速运行时的承载能力。

【思考与练习】

简述工业机器人常用的技术参数的含义：自由度、定位精度、重复性或重复定位精度、工作空间、最大速度、承载能力。

项目总结

本项目从拓扑结构、坐标系、控制方式 3 个角度介绍了不同类型的工业机器人。工业机器人按拓扑结构分为串联结构机器人、并联结构机器人、混合结构机器人 3 种；按坐标系分为直角坐标机器人、圆柱坐标机器人、球坐标机器人、关节机器人；按控制方式分为非伺服控制机器人和伺服控制机器人，并说明了不同工业机器人的特点和其应用领域。

本项目还介绍了工业机器人的主要技术参数：自由度、定位精度、重复性或重复定位精度、工作空间、最大速度、承载能力。在进行机器人选型时，需根据实际的作用要求综合考虑各个技术参数，以便选择符合要求的工业机器人。项目二的技能图谱如图 2-20 所示。

知识目标

熟悉并联机器人和串联机器人的特点

熟悉不同坐标系机器人的特点

熟悉伺服控制机器人和非伺服控制机器人的特点

熟悉工业机器人技术参数的术语

理解工业机器人技术参数具体含义

能力目标

能按拓扑结构对工业机器人进行分类

能按坐标系对工业机器人进行分类

能按控制方式对工业机器人进行分类

能说出不同类型工业机器人的特点和应用领域

能准确理解工业机器人参数的具体含义

能准确把握工业机器人选型时需考虑的技术参数

图 2-20　项目二的技能图谱

项目习题

1. 工业机器人按坐标形式分为哪几类？各有什么特点？

2. 什么是 SCARA 机器人？应用上有何特点？

3. 不同机械结构的机器人是如何服务于不同应用需求的呢？

4. 图 2-21 表示什么坐标的机器人？

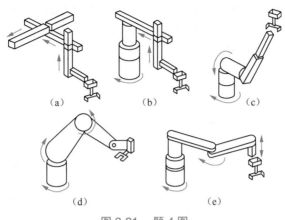

（a）　　　　　　（b）　　　　　　（c）

（d）　　　　　　（e）

图 2-21　题 4 图

5. 直角坐标机器人的手臂按_____坐标形式配置，即通过_____个相互垂直轴线上的移动来改变手部的空间位置。

6. 圆柱坐标机器人的手臂按_____坐标形式配置，即通过_____个移动和_____个转动来实现手部空间位置的改变。

7. 球坐标机器人的手臂按_____坐标形式配置，其手臂的运动由_____个直线运动和_____个转动所组成。

8. 关节机器人的手臂按类似人的腰部及手臂形式配置，其运动由前后的_____及立柱的_____运动构成。

9. 平面关节机器人是_____机器人的特例，它的肩关节和肘关节是_____关系，关节轴线_____。

10. 一般工业机器人的技术参数有哪些？

11. 人的手腕有几个自由度？

12. 什么是工业机器人的自由度？

13. 什么是工业机器人的定位精度？什么是重复定位精度？

14. 分析图 2-22 所示工业机器人的定位精度与重复定位精度。

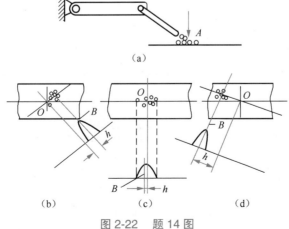

（a）

（b）　　　　　　（c）　　　　　　（d）

图 2-22　题 14 图

15. 什么是工业机器人的工作空间？用什么方法可以确定其工作空间？

16. 平面关节工业机器人的结构是：回转关节连接平面两连杆，与基座连接的回转关节旋转范围：$-90° \sim +90°$，另一回转关节旋转范围：$-120° \sim +120°$，杆长分别为 l_1 和 l_2。试确定该平面两连杆机器人的工作空间。

17. 什么是工业机器人的承载能力？

项目三
工业机器人编程技术

项目引入

　　工业机器人之所以在一定程度上具备智能化的特点，就是因为它能够脱离人的手动控制，按照预先编制的程序自动运行。工业机器人的编程主要有两种方式：在线编程和离线编程。在线编程一般采用示教器完成，而离线编程可以采用离线编程软件完成。不同的工业机器人厂商大都为其生产的工业机器人配套了相应的离线编程软件，如ABB公司的RobotStudio、安川（YASKAWA）公司的MotoSim EG等。虽然在对不同品牌的机器人进行编程时，所用的编程语言不同，但指令、语法结构是类似的。

　　本项目的学习内容就是了解机器人的编程方式、编程语言、编程系统等。

知识图谱

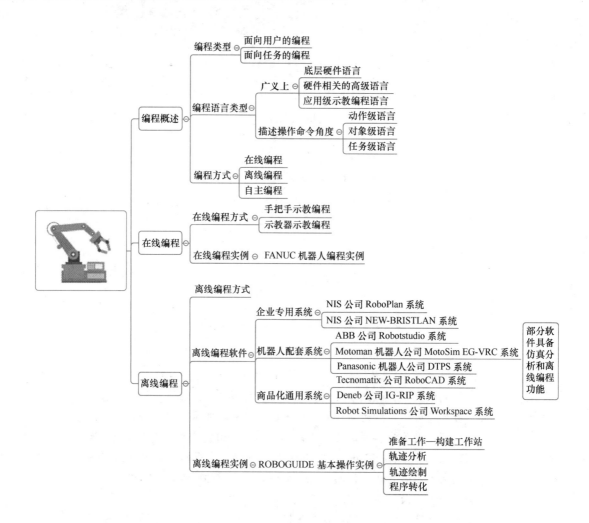

任务一　编程概述

【任务描述】

对工业机器人进行编程，就是让工业机器人具有类似于人的思考能力，知道自己该做什么。本任务就来介绍一下机器人的编程类型、编程语言类型以及编程方式。

【任务学习】

如今工业机器人被应用在喷涂、焊接、搬运等众多工业领域，如果把硬件设施比作机器人的躯体，控制器比作机器人的大脑，那么程序就是机器人的思维，使机器人明白自己的任务，而人赋予机器人思维的过程就是编程，如图 3-1 所示。程序的有效性很大程度上决定了机器人完成任务的质量。

微课

工业机器人编程概述及编程方式

一、编程类型

通常提到的机器人编程分为两种，即面向用户的编程和面向任务的编程。

1. 面向用户的编程

面向用户的编程，即机器人开发人员为方便用户使用对机器人进行的编程。这种编程涉及底层技术，是机器人运动和控制问题的结合点，也是机器人系统最关键的问题之一，主要包括运动轨迹规划、关节伺服控制和人机交互。编写的程序需要满足如下要求。

① 能够建立世界模型。为了精确分析机器人运动，需要建立机器人模型，更好地描述机器人的运动学性能并控制其特征，因此需要给机器人及其相关物体建立一

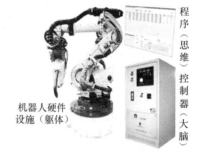

机器人硬件设施（躯体）
程序（思维）
控制器（大脑）

图 3-1 程序在机器人系统中的作用

个基础坐标系及其他坐标系，使机器人具有在各种坐标系下描述物体位姿的能力和建模能力。

② 能够描述机器人的作业。

③ 能够描述机器人的运动，包括运动方式、运动速度和持续时间。

④ 允许用户规定执行流程，如转移、循环、调用子程序及中断等。

⑤ 有良好的编程环境，如在线修改、立即重启、程序追踪、仿真等。

⑥ 需要人机接口和综合传感信号。

2. 面向任务的编程

面向任务的编程，即用户使用机器人完成某一任务，针对任务编写相应的动作程序。这种编程基于已经开发过的工业机器人，因此相对简单。

本项目接下来介绍的编程方式、编程语言等内容都是指面向任务的编程，即使用机器人的过程。

二、编程语言类型

1. 广义的编程语言类型

广义上说，机器人编程语言有 3 个层次。

（1）底层硬件语言

其开发者是机器人控制系统芯片硬件厂商，底层硬件语言是最底层的汇编级别的编程语言，如英特尔（Intel）硬件的汇编指令等。一般不需要关注这种最底层的编程。

（2）硬件相关的高级语言

这种编程语言在机器人系统开发时多被使用，主要用于机器人的运动学和控制学的编程，如 C 语言、C++ 等。机器人控制系统供应商往往提供核心算法并开放这一层次的编程，使用户能进行机器人控制的二次开发。机器人开发厂商多着眼于这一层次的编程。

（3）应用级示教编程语言

商用机器人公司规定了自己的语法规则和语言格式，如 ABB、KUKA 等，它们是提供给

机器人使用者的编程接口。后面所涉及的编程语言就是这一层次的。

机器人编程语言是一种用于描述机器人工作环境和动作的程序语言。其本质是将环境或动作的关键信息用简洁的文本、符号抽象出来，达到统一描述的目的。因此机器人编程语言应该具有结构简明、统一和容易扩展的特点。同时，因为人直接使用机器人编程语言实现人机对话，因此它应该易于理解、冗余性低，同时还要求有良好的稳定性。

性能优越的机器人编程语言会极大地方便使用者，使其提高效率，完成高质量的机器人程序。

2. 机器人编程语言的水平

从描述操作命令的角度来看，机器人编程语言的水平可以分为动作级、对象级和任务级。

（1）动作级语言

动作级语言以机器人末端执行器的动作为中心来描述各种操作，要在程序中说明每个动作。这是一种最基本的描述方式。

（2）对象级语言

对象级语言允许较粗略地描述操作对象的动作、操作对象之间的关系等。

（3）任务级语言

任务级语言只要直接指定操作内容就可以了，为此，机器人必须一边"思考"一边工作。这是一种水平很高的机器人程序语言。

美国斯坦福大学于1973年开发出最早的实验性的机器人编程语言WAVE，次年开发出在后来有较大影响力的AL语言。美国Unimation公司在1979年推出最早的商品化机器人编程语言VAL，它是BASIC语言的扩展，1984年开发出新版本的VAL-Ⅱ。20世纪80年代，机器人编程语言蓬勃发展、数量众多。我国起步较晚，在20世纪80年代后期才开始相关研究。

机器人的语言不同于传统的计算机程序设计语言，但由通用语言模块化编制形成的专用工业语言越来越成为工业机器人控制软件的主流。当更换机器人和控制器时，要确保现有的机器人程序可以继续使用，并在机器人编程中充分利用已有的知识同时又加入机器人离线编程的软件，就要求程序员和软件制造商继续维持原有的专有语言。

三、编程方式

在应用机器人的工业生产中，一方面为了提高生产效率，要求编程快捷；另一方面为了提高生产质量，要求编程有高质量。因此在不同的应用场合，对机器人使用不同的编程方式，以达到生产要求。

机器人编程可以分为在线编程、离线编程和自主编程。在线编程（现场使用实际的机器人）简单粗暴，早期机器人的编程都采用这种方式。随着计算机技术的发展，离线编程（不占用机器人，使用软件工具在计算机上建模并编程）被越来越多地应用，其在精度等方面展现了优越性，是编程方式的发展方向。自主编程（针对不同的工况，由计算机自主控制路径）是随着传感技术的发展而产生的，目前处于起步阶段，应用上比较受限。

总的说来，机器人编程手段越来越接近计算机编程（基于运动基元的扩展）。随着离线编程工具的能力日益增长，连接物理机器人的能力和嵌入机器人控制系统的软件功能的逐渐提高，除验证和手动调整程序生成外，在线编程现在已经不常用了。虽然如此，机器人的语言和软件工具仍必须提供两种方式的编程。

【思考与练习】

1. 面向用户编程的概念和要求是什么？
2. 面向任务编程的概念是什么？
3. 机器人编程语言有哪 3 个层次？
4. 机器人编程语言的基本要求是什么？
5. 机器人编程语言的水平是如何划分的？
6. 简述机器人编程语言开发研究的发展。
7. 机器人的语言与传统计算机程序设计语言的区别是什么？
8. 机器人的编程方式有哪些？

任务二　在线编程

【任务描述】

本任务的内容是介绍在线编程，并通过几个例子做具体分析。

【任务学习】

一、在线编程方式

想实现机器人特定的连贯动作，可以将连贯动作拆分成几个关键动作序列，即 "动作节点"。通过对机器人硬件的学习，我们知道机器人关节的伺服传感器可以实时检测机器人所处的姿态。

因此在线编程的思路是：将机器人调整到第一个动作节点，让机器人储存这个动作节点的姿态；再将其调整到第二个动作节点并记录姿态，以此类推直至动作结束。另外一个关键问题就是动作节点之间的运动轨迹，这可以用函数插补处理得到。

1. 手把手示教编程

依照上面的编程思路，技术人员直接用手移动机器人末端执行器确定动作节点再进行编程的方式就是手把手示教编程。由于手把手示教编程方式在技术上简单直接而且成本低廉，因此在电子技术不够发达的工业机器人应用早期，是编程的主流。

一项技术在早期往往简单粗暴，有着不可避免的缺点。

① 要求操作者有较多经验，且人工操作繁重。

② 对大型和高减速比机器人难以操作。

③ 位置不精确，更难以实现精确的路径控制。

我们不能像指导人那样来指导一个机器人如何执行一项任务，但是我们可以利用示教手柄，手动引导机器人末端执行器到期望的位置，如图 3-2 所示。甚至如果操作人员的准确性足够好，则可以使机器人末端执行器沿期望的路径或轨迹运行。比如焊接操作员牵引装有力 / 扭矩传感器的机器人末端执行器进行作业，机器人实时记录整个示教轨迹及各种焊接参数后，就能根据这些在线参数准确再现这一焊接过程。该方式易于被熟悉工作任务的人员所掌握，且控制装置简单。示教过程进行得很快，示教过后，即可马上应用。但其运动速度受限制，难以与传感器信息相配合，不能用于危险的情况，难以与其他操作同步。在操作大型机器人时，这种方法也不实用。

2. 示教器示教编程

示教器示教编程利用嵌入式系统控制，替代人直接对机器人进行力学操作，同时也增加了一些其他功能。它是指人工利用示教器上具有各种功能的按钮驱动工业机器人的各关节，按作业需要进行关节运动，从而完成位置和功能的编程，如图 3-3 所示。

图 3-2　利用示教手柄手动引导

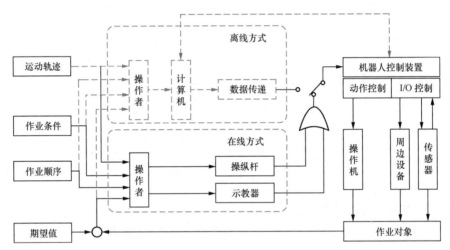

图 3-3　机器人示教的主要内容

示教器示教编程可以分 4 步：第一步，根据任务的需要通过示教器把机器人末端执行器按一定姿态移动至所需要的位置，然后把每一位置的姿态存储起来；第二步，编辑修改示教过的动作；第三步，存储程序；第四步，机器人重复运行示教过程。以焊接机器人为例，示教时操作者采用在线方式，通过示教器或操纵杆将作业条件、作业顺序和运动轨迹赋予机器人的控制装置。为了获得好的焊接质量需要进行作业条件和作业顺序的示教，包括对焊接电流、焊接电压、焊接速度、板厚、焊缝形状、焊脚高度、焊接顺序以及与外部设备的协调等参数进行设置。运动轨迹的示教包括各段运动轨迹的端点示教，而端点之间的连续轨迹控制由机器人控制装置的规划部分通过插补运算产生。

示教器示教编程一般用于对大型机器人或危险作业条件下的机器人，仍然沿用在线编程的思路，有着在线编程的以下缺点。

（1）难以获得高的控制精度。

（2）难以与其他操作同步。

（3）有一定危险性。

二、在线编程实例

各工业机器人公司的编程语言基本上同根同源，因此来自不同厂家的机器人语言看上去很像。但是在程序运行时，各公司程序（机器人在执行操作时）的意义和命令机器人的方式存在着许多语义的差别。

所谓动作指令，即以指定的移动速度和移动方法使机器人向作业空间内的指定位置进行移动的控制语句。机器人动作指令中："J"表示关节空间运动，"L"表示线性运动，"C"表示圆弧运动。关节动作指令对路径精度要求不高，线性运动能确保从起点到终点之间的路径始终保持为直线，圆弧动作指令能确保从起点到终点之间的路径始终为圆弧。下面以FANUC机器人编程实例来说明动作指令的用法。

FANUC机器人的动作指令有关节动作指令J、直线动作指令L、圆弧动作指令C、圆弧动作指令A，如图3-4所示。

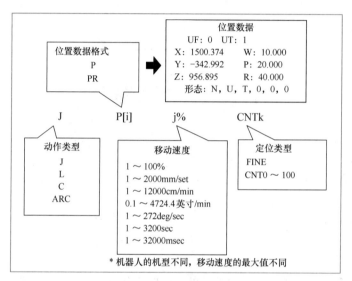

图 3-4　动作指令的构成

动作指令的一条语句，包含动作类型、位置资料、移动速度、定位类型、动作附加指令等信息。其中，动作类型指定向目标点的轨迹控制；位置资料记录了机器人将要移动的目标点；移动速度指定本条指令中机器人的移动速度；定位类型指定机器人在目标点的定位方式；动作附加指令包含在动作中要执行的附加指令。

如图3-5所示，机器人工具中心点（TCP）的当前位置P1，其轨迹程序如下。

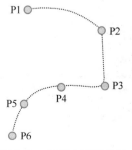

图 3-5　机器人运动轨迹

1: J P[2] 50% FINE;	//工具中心点（TCP）从当前位置以关节运动方式行进至P2点，运动速度为当前最大速度的50%，准确到达P2点
2: L P[3] 200 mm/sec CNT50;	//工具中心点（TCP）从P2点以直线运动方式行进至P3点，运动速度为200mm/s，在P3点附近转弯
3: L P[4] 200 mm/sec FINE;	//工具中心点（TCP）从P3点以直线运动方式行进至P4点，运动速度为200mm/s，准确到达P4点
4: C P[5] P[6] 200 mm/sec FINE;	//工具中心点（TCP）从P4点以圆弧运动方式经过P5点行进至P6点，运动速度为200mm/s，准确到达P6点

【思考与练习】

1. 简述在线编程两种方式（手把手示教编程、示教器示教编程）的示教步骤和优缺点。

2. 机器人的3个动作指令是什么？

3. 运用 FANUC 机器人编程实例说明机器人的3个动作指令。

任务三　离线编程

【任务描述】

本任务的内容是介绍离线编程，包括编程方式和编程软件，并通过例子做具体分析。

【任务学习】

一、离线编程方式

目前，绝大多数的轨迹、位置和方向可使用离线编程系统生成，如图3-6所示。焊接机器人系统采用离线编程方式，通过计算机将作业条件、作业顺序和运动轨迹信息传递给机器人控制装置。

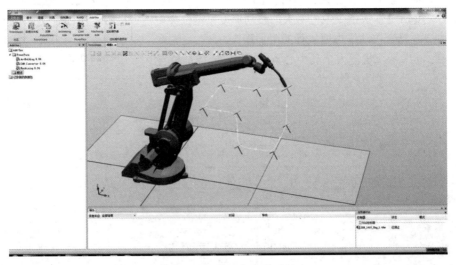

图3-6　离线编程软件系统

离线编程时可利用计算机图形学的成果，建立机器人及其工作环境的模型，再利用机器人语言及相关算法，通过对图形的控制和操作，在不使用实际机器人的情况下进行轨迹规划，进而生成机器人作业程序。编程时可以不需要机器人；可预先优化操作方案及运行时间；可与传感器信息相配合（包含了 CAD 和 CAM 的信息）；可模拟实际运动，对不同的工作目的，只需替换一部分待定的程序。但是，离线编程中所需的补偿机器人系统误差及坐标数据很难得到。

二、离线编程软件

国外在 20 世纪 70 年代末就开始了机器人离线规划和编程系统的研究。早期的离线编程系统有 IPA 程序、sdMMIE 软件包和 GRASP 仿真系统等，但这些系统都因为功能不完备而不能方便地使用。20 世纪 80 年代，国外许多实验室、研究所、制造公司对离线编程与仿真系统做了大量研究，如表 3-1 所示。如今离线编程软件均采用基于图形的编程，其优势在于人机界面交互编程和图形仿真，其技术也基本成熟，并已达到实用化阶段。

微课

离线编程软件与
编程语言

表 3-1　　　　　　　　　　国外商品化机器人离线编程与仿真系统

软件包	开发公司或研究机构
ROBEX	德国亚琛工业大学
GRASP	英国诺丁汉大学
PLACE	美国McAuto公司
Robot-SIM	美国Calms公司
ROBOGRAPHIX	美国Computer Vision公司
IGRIP	美国Deneb公司
ROBCAD	美国Tecnomatix公司
CimStation	美国SILMA公司
Workspace	美国Robot Simulations公司
SMAR	法国普瓦提埃大学

根据机器人离线编程系统的开发和应用情况，将其分为企业专用系统（如 NIS 公司的 RoboPlan 系统、NKK 公司的 NEW-BRISTLAN 系统）、机器人配套系统（如 ABB 公司的 Robotstudio 系统、YASKAWA 机器人公司的 MotoSim EG-VRC 系统和松下电器（Panasonic）机器人公司的 DTPS 系统）和商品化通用系统（如 Tecnomatix 公司的 RoboCAD 系统、Deneb 公司的 IGRIP 系统和 Robot Simulations 公司的 Workspace 系统）三大类。其中，许多软件既可用于机器人仿真分析，又可用于机器人离线编程。

国外商品化离线编程系统都提供以下基本功能：几何建模功能、焊接规划功能、程序生成与通信功能等，如图 3-7 所示。从应用上看，商品化的离线编程系统都具有较强的图形功能，并且有很好的编程功能。

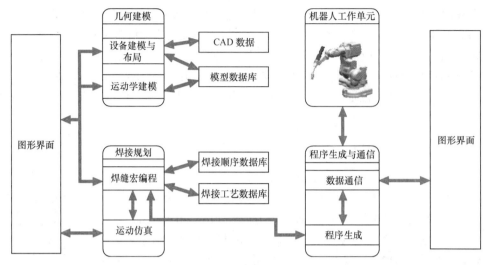

图 3-7　焊接机器人离线编程系统的典型应用构架

由于弧焊工艺复杂，示教工作量大，现场示教会占用大量生产时间，因此弧焊机器人可借助计算机图形技术，在显示器上按焊件与机器人的位置关系对焊接动作进行图形仿真，然后将示教程序传给生产线上的机器人。目前已经有多种这方面商品化的软件包可以使用，如 **ABB** 公司提供的机器人离线编程软件 **Program Maker**。

在实践中很难对大部分所要求的背景知识进行编码，这时 **CAD/CAM** 软件包的几何数据可以提供环境的各种知识，有助于生成机器人运行程序。对机器人的环境进行扩展建模时，计算机辅助设计应用程序（**CAD**、**SolidWorks**）可以为机器人运行提供环境数据。**CAD** 软件包 **Inventor** 可以使用户对由机器人和折弯机组成的工作单元进行编程，实现机器人将金属片材放入折弯机加以处理，并将最终产品放入货盘的过程，如图 3-8 所示。

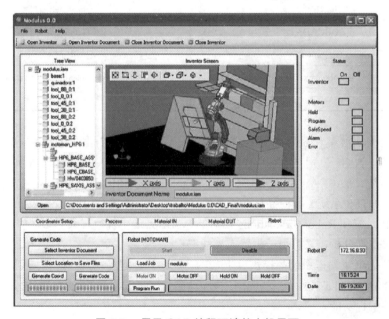

图 3-8　用于 CAD 编程环境的人机界面

目前，正在开发一种新的电焊机器人系统，该系统可结合焊接技术和 CAD/CAM 技术，提高生产准备工作的效率，缩短产品设计投产的周期，使整个机器人系统取得更高的效益。这种系统拥有关于汽车车身的结构信息、焊接条件计算信息和计算机机构信息等数据库，CAD 系统利用该数据库可方便地进行焊钳选择和机器人配置方案设计，采用离线编程的方式规划路径。

三、离线编程实例

以 FANUC 机器人 ROBOGUIDE 离线编程软件的轨迹编程为例，讲解构建工作站、轨迹分析、轨迹绘制及程序转化等相关知识。

1. 准备工作——构建工作站

① 创建机器人工程文件，选取的机器人型号为 LR Mate 200iD/4S。

② 将工作站基座以 Fixture 的形式导入，并调整好位置。

③ 导入笔形工具作为机器人的末端执行器，并将笔尖设置为工具坐标系的原点，坐标系的方向不变。

④ 将"教育"两个字的模型以 Parts 的形式导入，关联到 Fixture 模型上，并调整好大小和位置。

⑤ 设定新的用户坐标系，将坐标原点设置在"教"字模型的第一笔画的位置上，坐标系方向与世界坐标系保持一致，如图 3-9 所示。

2. 轨迹分析

"教育"二字按 Parts 模型的形态（见图

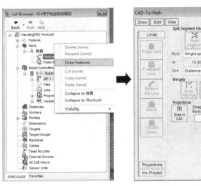

图 3-9 工作站状态

3-10），形成了 5 个完整的封闭轮廓，这就意味着有 5 条轨迹线，其中"教"字分左右两部分，"育"字分为上中下 3 部分。每条轨迹线对应着一个轨迹程序，对其分别进行编程，最后用主程序将 5 个子程序依次运行。

3. 轨迹绘制

① 在【Cell Browser】窗口中相对应的【Parts】菜单中找到【Features】选项，右击选择【Draw Features】，弹出【CAD-To-Path】窗口，如图 3-11 所示。

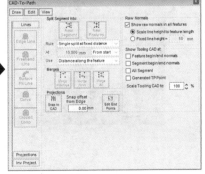

图 3-10 "教育" Parts 模型文件
图 3-11 打开轨迹绘制功能窗口的操作

或者单击工具栏中的【Draw Features On Parts】按钮 ，弹出【CAD-To-Path】窗口。

用鼠标单击工件，激活画线的功能。

② 首先绘制"教"字左半部分的路径，单击【Closed Loop】按钮，将光标移动至模型上，模型的局部边缘高亮显示，图中较短的竖直线是鼠标捕捉的位置，如图 3-12 所示。

③ 移动鼠标时图 3-12 中的黄线位置也发生变化，调整到一个合适位置后，单击鼠标左键可以确定路径的起点位置，然后将光标放在此平面上，出现完整轨迹路径的预览，如图 3-13 所示。

图 3-12　捕捉开始点预览

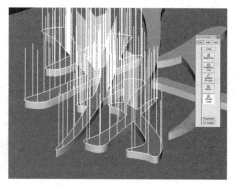

图 3-13　完成轨迹路径预览

④ 双击鼠标左键，确定生成轨迹路径，此时模型的轮廓以较细的高亮黄线显示，并产生路径的行走方向，如图 3-14 所示。

⑤ 生成轨迹路径的同时，会自动弹出一个设置窗口，如图 3-14 所示。这样一个完整的路径称为特征轨迹，用"Features"表示，子层级轨迹用"Segment"表示，其目录会显示在【Cell Browser】窗口中对应的"Parts"模型下，如图 3-15 所示。"Segment"是"Features"的组成部分，一个"Feature"可能含有一个或者多个"Segment"。

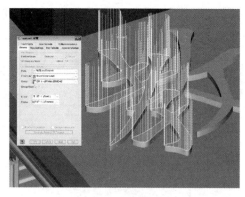

图 3-14　路径的生成

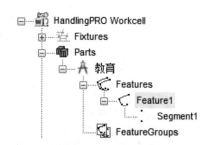

图 3-15　特征轨迹结构目录

4. 程序转化

① 在弹出的特征轨迹设置窗口选择【General】选项卡，将程序命名为"JIAO_01"，选择工具坐标系 1 和用户坐标系 1，单击【Apply】按钮应用设置，如图 3-16 所示。

② 切换到【Prog Settings】程序设置选项卡，参考图 3-17 设置动作指令的运行速度和定位类型，单击【Apply】按钮应用。

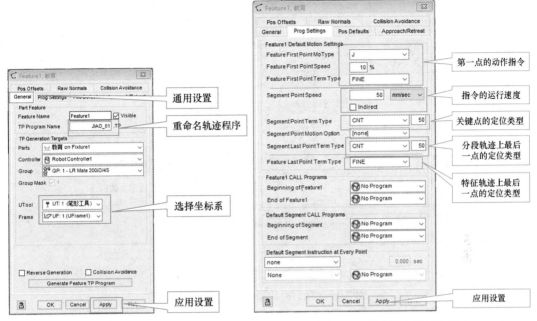

图 3-16　程序属性设置选项卡　　　　　　图 3-17　程序指令设置选项卡

在指令的运行速度设置项目中，勾选下方的【Indirect】复选框，速度值将会使用数值寄存器的值，如果程序下载到真实机器人中运行，则修改速度将极为方便。

③ 切换到【Pos Defaults】选项卡下进行关键点位置和姿态的设置，如图 3-18 所示。

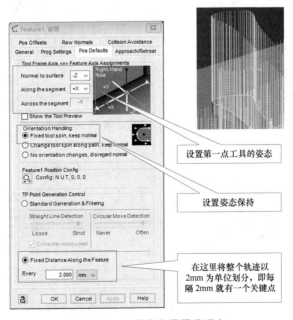

图 3-18　工具姿态设置选项卡

④ 切换到【Approach/Retreat】选项卡下进行接近点和逃离点的设置，如图 3-19 所示。

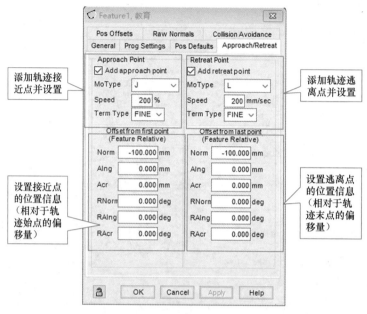

图 3-19　接近点和逃离点设置选项卡

勾选【Add approach point】和【Add retreat point】复选框，设置动作指令的动作类型全部为直线，速度设置为 "200"，定位类型不变，设置点的位置为 "-100"。单击【Apply】按钮应用后轨迹的旁边会出现接近点和逃离点，由于这条轨迹的首尾相接，所以这两点位置重合，如图 3-20 所示。

⑤ 返回到【General】选项卡，单击【General Feature TP Program】按钮生成机器人程序，如图 3-21 所示。

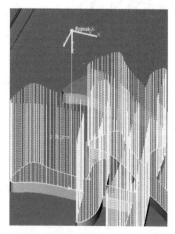

图 3-20　接近点和逃离点

图 3-21　生成机器人程序

⑥ 单击工具栏中的 ▶ ▾ "CYCLE START" 按钮或者用虚拟示教器试运行 "JIAO_01" 程序。

⑦ 按照以上的步骤生成"教"字的右边部分的程序和"育"字的程序,分别是"JIAO_02""YU_01""YU_02""YU_03"。

【思考与练习】

1. 简述离线编程的原理以及优缺点。

2. 简述离线编程系统的发展。

3. 离线编程系统分为哪几种?

4. 离线编程系统的功能是什么?有哪些典型应用构架?

5. 简述 CAD/CAM 在离线编程系统中的应用。

6. FANUC 机器人离线编程轨迹应用的基本操作步骤是什么?

项目总结

工业机器人能按要求进行工作,离不开人为编制的程序。本项目首先对工业机器人的编程技术进行概述;接着介绍了工业机器人的编程方式,包括在线编程和离线编程;然后介绍了不同开发公司的离线编程软件,并简要介绍了工业机器人的编程语言;最后以 FANUC 工业机器人离线编程系统——ROBOGUIDE 的基本操作为例,阐述了工业机器人离线编程的基本流程。项目三的技能图谱如图 3-22 所示。

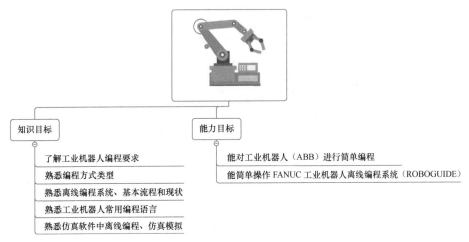

图 3-22 项目三的技能图谱

项目习题

1. ( ) 编程方式不占用机器人,可以使用软件工具在计算机上建模并编程。

A. 在线编程   B. 离线编程   C. 自主编程   D. 示教器示教编程

2. ( ) 语言只要直接指定操作内容就可以了。为此,机器人必须一边"思考"一边动作。

这是一种水平很高的机器人语言。

A. 动作级　　　　B. 对象级　　　　C. 任务级

3. 关节动作指令的特点是（　　）。

A. 对路径精度要求不高

B. 确保从起点到终点之间的路径始终保持为直线

C. 确保从起点到终点之间的路径始终保持为圆弧

4. 线性动作指令的特点是（　　）。

A. 对路径精度要求不高

B. 确保从起点到终点之间的路径始终保持为直线

C. 确保从起点到终点之间的路径始终保持为圆弧

5. 圆弧指令的特点是（　　）。

A. 对路径精度要求不高

B. 确保从起点到终点之间的路径始终保持为直线

C. 确保从起点到终点之间的路径始终保持为圆弧

6. 通常提到的机器人编程分为两种，分别是面向_____的编程和面向_____的编程。

7. 机器人编程可以分为_____、_____和自主编程。

8. 在线编程可以分为 3 步，分别是动作示教、_____、_____。

9. 根据机器人离线编程系统的开发和应用情况，将其分为企业专用系统、_____和商品化通用系统三大类。

10. _____是离线编程系统的核心。

11. 示教器示教编程可以分为哪几个步骤？

12. 什么是动作节点？

组成进阶篇

项目四
工业机器人机械部分

项目引入

目前常见的工业机器人本体大都可以比喻成人的手臂，一般由末端执行器、手腕、手臂、腰部等组成，这些机构与驱动装置、传动装置等相互作用，一起实现了类似人的手臂的功能。其中，末端执行器可根据应用不同进行更换，例如，在焊接应用中可以选用焊接类的末端执行器（如焊枪），在搬运玻璃时可以选用气吸附式末端执行器。此外，工业机器人还可增设快换装置，可在同一应用中使用不同的末端执行器。

本项目的学习内容就是熟悉工业机器人的末端执行器、手腕、手臂、腰部、基座、驱动装置以及传动装置等机械部分。

知识图谱

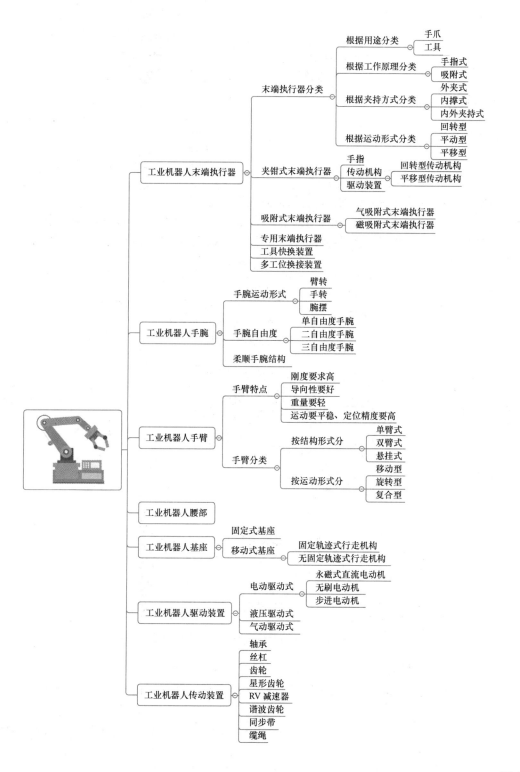

工业机器人由国际标准化组织正式定义为"自动控制的可重复编程的多功能机械手"。根据系统结构特点，工业机器人由三大部分6个子系统组成。工业机器人系统组成如图4-1所示。

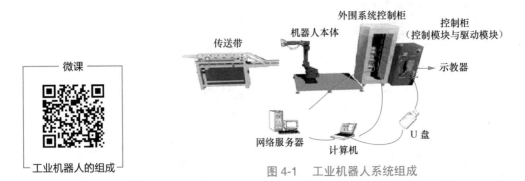

图 4-1 工业机器人系统组成

机械部分：用于实现各种动作，包括机械结构系统和驱动系统。

传感部分：用于感知内部和外部的信息，包括感受系统和机器人 - 环境交互系统。

控制部分：控制机器人完成各种动作，包括人机交互系统和控制系统。

工业机器人组成系统之间的关系及其与工作对象的关系如图4-2所示。

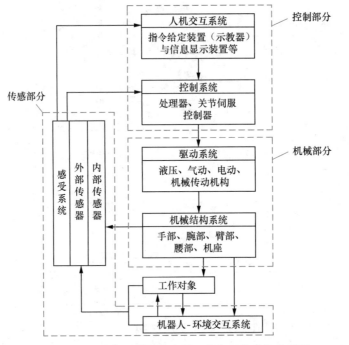

图 4-2 机器人各组成系统之间及其与工作对象的关系

工业机器人的机械结构又称执行机构，也称操作机，是机器人赖以完成工作任务的实体，通常由杆件和关节组成。从功能的角度，执行机构可分为手部、腕部、臂部、腰部（立柱）和基座等，如图4-3所示。

手部：又称末端执行器，是工业机器人直接进行工作的部分，其作用是直接抓取和放置物件，可以是各种手持器。

腕部：是连接手部和臂部的部件。其作用是调整或改变手部的姿态，是操作机中结构最复杂的部分。

臂部：又称手臂，用以连接腰部和腕部，通常由两个臂杆（大臂和小臂）组成，用以带动腕部运动。

腰部：又称立柱，是支撑手臂的部件，其作用是带动臂部运动，与臂部运动结合，把腕部传递到需要的工作位置。

基座（行走机构）：基座是机器人的支持部分，有固定式和移动式两种，该部件必须具有足够的刚度、强度和稳定性。

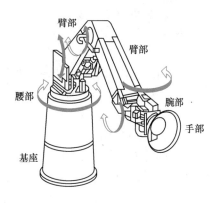

图 4-3 工业机器人执行结构

任务一 工业机器人末端执行器

【任务描述】

人如果只有胳膊，却没有手，会是什么样呢？必然不能方便地吃饭、写字、拿东西。机器人也是一样，不安装末端执行器，就无法实现所需的功能。本任务就来讲解工业机器人的末端执行器。

【任务学习】

工业机器人的末端执行器直接安装于手腕。有了末端执行器，工业机器人才能搬运物品，装卸材料，组装零件，进行焊接、喷漆等，在处理高温、有毒产品的时候，它比人手更能适应工作。末端执行器关乎机器人的柔性，关乎工作质量的好坏。有的末端执行器类似人手，有的则是进行某种作业的专用工具，如焊枪、油漆喷头与吸盘等。

微课

工业机器人末端执行器

一、末端执行器分类

由于被握工件的形状、尺寸、重量、材质及表面状态等不同，因此工业机器人末端执行器是多种多样的。

1. 根据用途分类

根据用途不同，末端执行器可分为手爪和工具。

① 手爪：具有一定的通用性，主要功能是抓住工件、握持工件、释放工件。

② 工具：它是机器人直接用于抓取和握紧（或吸附）专用工具（如喷枪、扳手、焊具、喷头等）进行操作的部件。

2. 根据工作原理分类

根据工作原理不同，末端执行器可分为手指式和吸附式。

① 手指式：二指式、多指式；单关节式、多关节式。

② 吸附式：气吸式、磁吸式。

3. 根据夹持方式分类

根据夹持方式不同，末端执行器可分为外夹式、内撑式和内外夹持式，如图 4-4 所示。

① 外夹式：手部与被夹件的外表面相接触。

② 内撑式：手部与工件的内表面相接触。

③ 内外夹持式：手部与工件的内、外表面相接触。

4. 根据运动形式分类

根据运动形式不同，末端执行器可分为回转型、平动型和平移型，如图 4-5 所示。

① 回转型：当手爪夹紧和松开工件时，手指做回转运动。当被抓物体的直径大小变化时，需要调整手爪的位置才能保持物体的中心位置不变。

② 平动型：手指由平行四杆机构传动，当手爪夹紧和松开物体时，手指姿态不变，做平动。

③ 平移型：当手爪夹紧和松开工件时，手指做平移运动，并保持夹持中心固定不变，不受工件直径变化的影响。

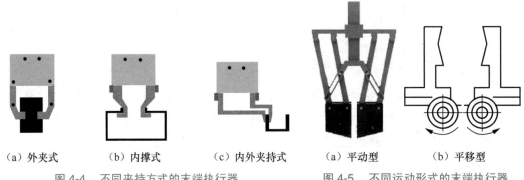

| （a）外夹式 | （b）内撑式 | （c）内外夹持式 | （a）平动型 | （b）平移型 |

图 4-4　不同夹持方式的末端执行器　　　　图 4-5　不同运动形式的末端执行器

二、夹钳式末端执行器

夹钳式末端执行器是应用较广的一种末端执行器形式，它通过手指的开闭动作实现对物体的夹持与释放，如图 4-6 所示。

1. 手指

它是直接与工件接触的部件。末端执行器松开和夹紧工件，就是通过手指的张开与闭合实现的。机器人的末端执行器一般有两根手指，也有的有 3 根或多根手指，其结构形式常取决于被夹持工件的形状和特性。

（1）指端形状

指端是手指上直接与工件接触的部位，其结构形状取决于工件形状。常用的有以下类型。

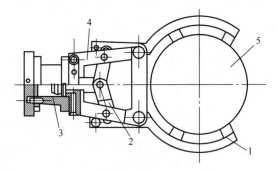

图 4-6　夹钳式末端执行器

1—手指；2—传动机构；3—驱动装置；4—支架；5—工件

① V 形指。如图 4-7（a）所示，它适合夹持圆柱形工件。特点是夹紧平稳可靠，夹持误差小。也可以用两个滚柱代替 V 形体的两个工作面，如图 4-7（b）所示，它能快速夹持旋转中的圆柱体。

图 4-7（c）所示为可浮动的 V 形指，有自定位能力，与工件接触好，但浮动件是机构中的不稳定因素。在夹紧时和运动中受到的外力，必须由固定支承来承受，或者设计成可自锁的浮动件。

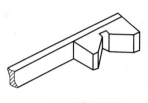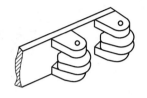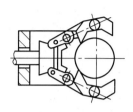

（a）固定 V 形指　　　　　（b）滚柱 V 形指　　　　　（c）自定位式可浮动 V 形指

图 4-7　V 形指端形状

　　② 平面指。如图 4-8（a）所示，它一般用于夹持方形工件（具有两个平行平面）、板形或细小棒料。

　　③ 尖指和薄、长指。如图 4-8（b）所示，它一般用于夹持小型或柔性工件；薄指用于夹持位于狭窄工作场地的细小工件，以避免和周围障碍物相碰；长指用于夹持炽热的工件，以避免热辐射对末端执行器传动机构的影响。

　　④ 特形指。如图 4-8（c）所示，对于形状不规则的工件，必须设计出与工件形状相适应的专用特形手指，才能夹持工件。

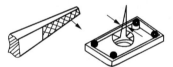

（a）平面指　　　　　　（b）尖指和薄、长指　　　　　（c）特形指

图 4-8　夹钳式末端执行器的指端

（2）指面形式

根据工件形状、大小及其被夹持部位材质软硬、表面性质等不同，手指指面有以下几种形式。

　　① 光滑指面：指面平整光滑，用来夹持工件的已加工表面，避免已加工表面受到损伤。

　　② 齿形指面：指面刻有齿纹，可增加与被夹持工件间的摩擦力，以确保夹紧牢靠，多用来夹持表面粗糙的毛坯或半成品。

　　③ 柔性指面：指面镶衬橡胶、泡沫、石棉等，有增加摩擦力、保护工件表面、隔热等作用，一般用于夹持已加工表面、炽热件，也适于夹持薄壁件和脆性工件。

　　2．传动机构

它是向手指传递运动和动力，以实现夹紧和松开动作的机构。该机构根据手指开合的动作特点，可分为回转型和平移型。回转型又分为单支点回转和多支点回转。根据手爪夹紧是摆动还是平动，回转型还可分为摆动回转型和平动回转型。

（1）回转型传动机构

夹钳式末端执行器中用得较多的是回转型传动机构，其手指就是一对杠杆，一般再与斜楔、滑槽、连杆、齿轮、蜗轮蜗杆或螺杆等机构组成复合式杠杆传动机构，用于改变传动比和运动方向等。

斜楔杠杆式回转型末端执行器，如图 4-9 所示。斜楔向下运动，克服弹簧拉力，使杠杆手指装着滚子的一端向外撑开，从而夹紧工件；斜楔向上运动，则在弹簧拉力作用下使手指松开。手指与斜楔通过滚子接触，可以减小摩擦力，提高机械效率。有时为了简化，也可让手指与斜楔直接接触。

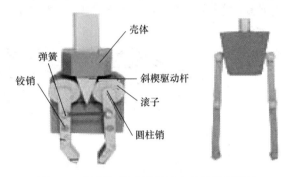

图 4-9　斜楔杠杆式回转型末端执行器结构

滑槽式杠杆回转型末端执行器，如图 4-10 所示。驱动杆上的圆柱销套在滑槽内，当驱动连杆同圆柱销一起做往复运动时，即可拨动两个手指各绕其支点（铰销）做相对回转运动，从而实现手指的夹紧与松开动作。

双支点连杆式末端执行器，如图 4-11 所示。驱动杆末端与连杆由铰销铰接，当驱动杆做直线往复运动时，通过连杆推动两杆手指各绕支点做回转运动，从而使得手指松开或闭合。

图 4-10　滑槽式杠杆回转型末端执行器结构

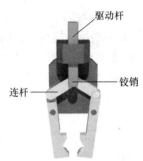

图 4-11　双支点连杆式末端执行器结构

（2）平移型传动机构

平移型夹钳式末端执行器是通过手指的指面做直线往复运动或平面移动来实现张开或闭合动作的，常用于夹持具有平行平面的工件（如冰箱等）。其结构较复杂，不如回转型末端执行器应用广泛。

① 直线往复移动机构。可实现直线往复运动的机构很多，如常用的斜楔传动机构、齿条传动机构、连杆杠杆传动机构螺旋传动机构等，这些均可应用于末端执行器，如图 4-12 所示。它们既可是双指型的，也可是三指（或多指）型的；既可自动定心，也可非自动定心。

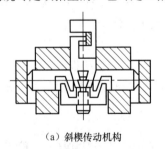

（a）斜楔传动机构　　　　（b）连杆杠杆传动机构　　　　（c）螺旋斜楔传动机构

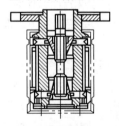

图 4-12　直线平移型末端执行器

② 平面平行移动机构。几种四连杆机构平移型夹钳式末端执行器的简图，如图 4-13 所示。它们的共同点是：都采用平行四边形的铰链机构——双曲柄铰链四连杆机构，以实现手指平

移。其差别在于分别采用齿条齿轮、蜗轮蜗杆、连杆斜滑槽的传动方法。

(a) 齿条齿轮传动　　　(b) 蜗轮蜗杆传动　　　(c) 连杆斜滑槽式传动

图 4-13　四连杆机构平移型夹钳式末端执行器结构

3. 驱动装置

驱动装置一般是通过气动、液压、电动 3 种驱动方式产生驱动力，通过传动机构进行作业，其中气动驱动、液压驱动应用较多。电动驱动一般采用直流伺服电动机或步进电动机。

（1）气动驱动

优点：①气源获得方便；②安全而不会引起燃爆，可直接用于高温作业；③结构简单，造价低。

缺点：①压缩空气常用压力为 0.4 ~ 0.6MPa，要获得大的握力，结构将相应加大；②空气可压缩性大，工作平稳性和位置精度稍差，但有时因气体的可压缩性，使气动末端执行器的抓取运动具有一定的柔顺性。

（2）液压驱动

优点：①液压力比气压力大，以较紧凑的结构可获得较大的握力；②油液介质可压缩性小，传动刚度大，工作平稳可靠，位置精度高；③力、速度易实现自动控制。

缺点：①油液高温时易引起燃爆；②需要供油系统，成本较高。

（3）电动驱动

优点：一般连上减速器可获得足够大的驱动力和力矩，并可实现末端执行器的力与位置控制。

缺点：因电机有可能产生火花和发热，故不宜用于有防爆要求的情况。

三、吸附式末端执行器

吸附式末端执行器靠吸附力取料，适用于大平面（单面接触无法抓取）、易碎（玻璃、磁盘）、微小物体的吸取。图 4-14 所示为玻璃生产线，一片片玻璃被一只只灵活的"气吸式机械手"装进了玻璃固定架。根据吸附原理的不同，吸附式末端执行器可分为气吸附式和磁吸附式两种。

1. 气吸附式末端执行器

气吸附式末端执行器是利用吸盘内的压力和大气压之间的压力差而工作的。与夹钳式末端执行器相比，气吸附式末端执行器具有结构简单、重量轻、吸附力分布均匀等优点，它广泛应用于非金属材料或不可有剩磁的材料的吸附，如图 4-14 所示。

气吸附式末端执行器可分为真空吸附、气流负压吸附、挤压排气吸附等类型。

图 4-14　机器人搬运玻璃

（1）真空吸附取料手

如图 4-15 所示，取料时，碟形橡胶吸盘与物体表面接触，起到密封与缓冲作用；然后利用真空泵抽气，吸盘内腔形成真空，实施吸附取料；放料时，管路接通大气，失去真空，物体放下。真空吸附取料手工作可靠，吸附力大，但需要有真空系统，成本高。

（2）气流负压吸附取料手

如图 4-16 所示，取料时，压缩空气高速流经喷嘴 5，其出口处的气压低于吸盘腔内的气压，于是腔内的气体被高速气流带走而形成负压，完成取料动作；放料时，切断压缩空气即可。气流负压吸附取料手需要压缩空气，工厂里较易取得，故成本较低，因此在工厂中应用广泛。

（3）挤压排气吸附取料手

如图 4-17 所示，取料时，吸盘压紧物体，橡胶吸盘变形，挤出腔内多余的空气，取料手上升，靠橡胶吸盘的恢复力形成负压，将物体吸住；放料时，压下拉杆，使吸盘腔与大气相通而失去负压。该取料手结构简单，但吸附力小，吸附状态不易长期保持。

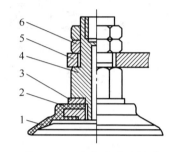

图 4-15　真空吸附取料手

1—橡胶吸盘；2—固定环；3—垫片；
4—支承杆；5—基板；6—螺母

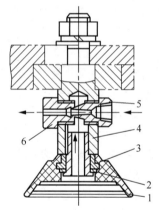

图 4-16　气流负压吸附取料手

1—橡胶吸盘；2—心套；3—透气螺钉；4—支承杆；

5—喷嘴；6—喷嘴套

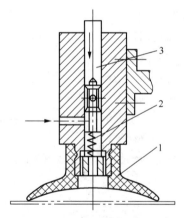

图 4-17　挤压排气吸附取料手

1—橡胶吸盘；2—弹簧；3—拉杆

2. 磁吸附式末端执行器

磁吸附式末端执行器利用电磁铁通电后产生的电磁吸力取料，因此只能对铁磁物体起作用，但是对某些不允许有剩磁的零件禁止使用，所以磁吸附式取料手的使用有一定的局限性。

图 4-18 所示为几种电磁式吸盘吸料示意图。

电磁铁的工作原理如图 4-19（a）所示。当线圈 1 通电后，在铁心 2 内外产生磁场，磁力线经过铁心，空气隙和衔铁 3 被磁化并形成回路。衔铁受到电磁吸力 F 的作用被牢牢吸住。实际使用时，往往采用图 4-19（b）所示的盘式电磁铁。衔铁是固定的，衔铁内用隔磁材料将磁力线切断。当衔铁接触磁铁物体零件时，零件被磁化形成磁力线回路，并受到电磁吸力而被吸住。

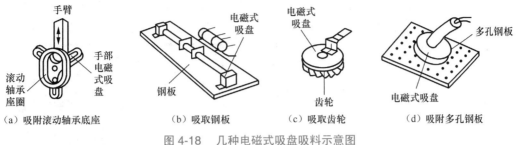

（a）吸附滚动轴承底座　　（b）吸取钢板　　（c）吸取齿轮　　（d）吸附多孔钢板

图 4-18　几种电磁式吸盘吸料示意图

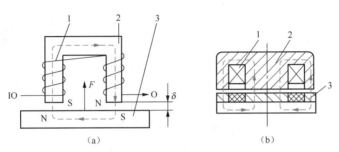

图 4-19　电磁铁工作原理

1—线圈；2—铁心；3—衔铁

四、专用末端执行器

工业机器人是一种通用性很强的自动化设备，配上各种专用的末端执行器后，就能完成各种任务。如在通用机器人上安装焊枪就能使其成为一台焊接机器人，安装吸附式末端执行器则使其成为一台搬运机器人。目前有许多由专用电动、气动工具改型而成的换接器，如图 4-20 所示，如拧螺母机、焊枪、电磨头、电铣头、抛光头、激光切割机等。它们形成了一整套的专用末端执行器供用户选用，使机器人能胜任各种工作。

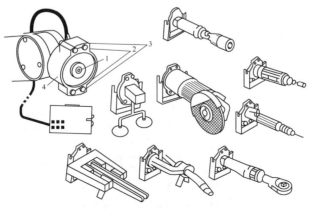

图 4-20　各种专用末端执行器和电磁吸盘式换接器

1—气路接口；2—定位销；3—电接头；4—电磁吸盘

五、工具快换装置

有的机器人工作站需要承担多种不同的任务，在作业时需要自动更换不同的末端执行器。使用机器人工具快换装置（Robotic Tool Changers）能快速装卸机器人的末端执行器。工具快换装置由两部分组成：工具快换装置插座和工具快换装置插头，它们分别装在机器人腕部和末端执行器上，能够快速自动更换机器人的末端执行器。

具体实施时，各种末端执行器存放在工具架上，组成一个专用末端执行器库，根据作业要求，机器人自行从工具架上接上相应的专用末端执行器，如图4-21所示。

机器人工具快换装置也被称为自动工具快换装置（ATC）、机器人工具快换、机器人连接器、机器人连接头等，为自动更换工具并连通各种介

图4-21　电装机器人的两个末端执行器

质提供了极大的柔性。它可以自动锁紧连接，同时可以连通和传递电信号、气体、水等介质，如图4-22所示。大多数的机器人连接器使用气体锁紧主侧和工具侧，其要求主要有：同时具备气源、电源并做到信号的快速连接与切换；能承受末端执行器的工作载荷；在失电、失气情况下，机器人停止工作时不会自行脱离；具有一定的换接精度等。

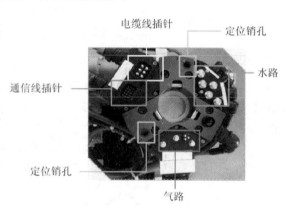

图4-22　安川机器人的点焊枪及其快换装置接口

六、多工位换接装置

某些机器人的作业任务较为集中，需要换接一定量的末端执行器，又不必配备数量较多的末端执行器库。此时可以在机器人手腕上设置一个多工位换接装置，如图4-23所示。在按钮开关装配工位上，机器人要依次装配开关外壳、复位弹簧、按钮等几种零件，采用多工位换接装置，可以从几个供料处依次抓取几种零件，然后逐个进行装配，这样既可以节省几台专用机器人，也可以避免通用机器人频繁换接操作器，从而节省装配作业时间。

多工位换接装置的类型如图4-24所示，可以有棱锥型和棱柱型两种形式。棱锥型换接装置可保证手爪轴线和手腕轴线一致，受力较合理，但其传动机构较为复杂。棱柱型换接装置传动机构较为简单，但其手爪轴线和手腕轴线不能保持一致，受力不良。

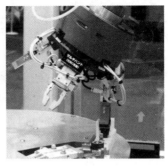

图 4-23　多工位换接装置

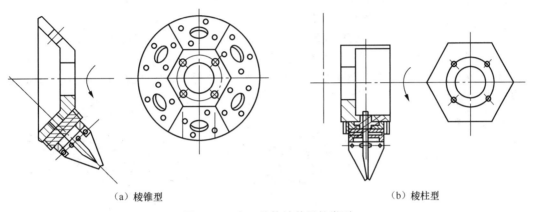

（a）棱锥型　　　　　　　　　　　　　　　　　　（b）棱柱型

图 4-24　多工位换接装置的类型

【思考与练习】

1. 末端执行器有哪几种分类方式？

2. 夹钳式末端执行器按结构形式不同分为哪几类？其各种结构形式的末端执行器的工作原理是什么？

3. 吸附式末端执行器分为哪几种？每种吸附式末端执行器的工作原理是什么？

4. 什么是专用末端执行器？它有哪几种类型？

5. 简述工具快换装置的作用和使用要求。

6. 多工位换接装置的优点有哪些？

任务二　工业机器人手腕

【任务描述】

再次以人为例，如果人没有手腕会怎样？没有手腕很多动作都会变得极为不便，甚至实现不了。比如拿手机的动作，如果没有手腕的话，手机会一直保持原有的位置，无法调整到最为舒适的观看角度。对于工业机器人来说也是一样，假如用工业机器人进行喷涂而机器人没有手腕，则无法调整工业机器人的姿态，达不到预期喷涂效果。本任务就来讲解工业机器人的手腕。

【任务学习】

工业机器人手腕是在机器人末端执行器和臂部之间，用于支撑和调整末端执行器的部件，有助于末端执行器呈现期望的姿态，扩大臂部运动范围，增加机器人的自由度，如图4-25所示。

微课

工业机器人手腕

一、手腕运动形式

手腕回转产生的效果有3种：臂转、手转、腕摆。

① 臂转：绕小臂轴线方向的旋转。

② 手转：使末端执行器（手部）绕自身轴线方向的旋转。

③ 腕摆：使末端执行器相对于手臂进行摆动。

图4-26（a）所示的手腕关节配置为臂转、腕摆、手转结构，图4-26（b）所示为臂转、双腕摆、手转结构。

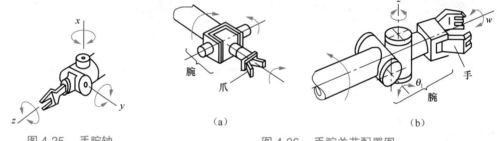

图4-25　手腕轴　　　　　　图4-26　手腕关节配置图

当发生臂转与手转时，手腕进行翻转运动（Roll），用R表示。当发生腕摆时，手腕进行俯仰或偏转运动。手腕俯仰运动（Pitch）用P表示；手腕偏转运动（Yaw）用Y表示。当手腕具有俯仰、偏转和翻转运动能力时，可简称为RPY运动。

有些手腕为满足使用要求，还可以直线移动。

二、手腕自由度

手腕自由度的选用与机器人的通用性、加工工艺要求、工件放置方位和定位精度等许多因素有关。根据使用要求，一般手腕设有回转或再增加一个上下摆动即可满足工作的要求。若有特殊要求，可增加手腕左右摆动或沿y轴方向的横向移动，也有的专用机器人没有手腕的运动。按自由度数目来分，手腕可分为单自由度、二自由度和三自由度。

1. 单自由度手腕

单自由度手腕，只有一个自由度，可分为翻转手腕、折曲手腕与移动手腕。

① 翻转（Roll）手腕，简称R手腕，该手腕关节的z轴与手臂纵轴线构成共轴线形式，这种R手腕旋转角度大，可达360°以上，如图4-27（a）所示。

② 折曲（Bend）手腕，简称B手腕，该手腕关节的x轴或y轴与手臂纵轴相垂直。这种B关节因为结构上受到干涉，所以旋转角度小，大大限制了方向角。图4-27（b）与（c）分别

称俯仰运动与偏转运动。

③移动手腕，简称 T 手腕，该手腕关节做直线移动，如图 4-27（d）所示。

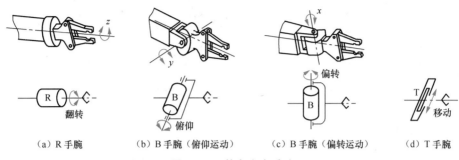

（a）R 手腕　　（b）B 手腕（俯仰运动）　　（c）B 手腕（偏转运动）　　（d）T 手腕

图 4-27　单自由度手腕

2. 二自由度手腕

二自由度手腕可以由一个 R 关节和一个 B 关节组成 BR 手腕，如图 4-28（a）所示；也可以由两个 B 关节组成 BB 手腕，如图 4-28（b）所示。但是，不能有图 4-28（c）所示的两个共轴线的 R 关节组成的 RR 手腕，因为它实际只构成了单自由度手腕。

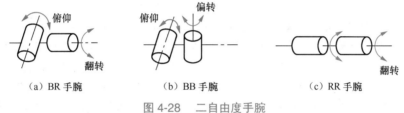

（a）BR 手腕　　　　　（b）BB 手腕　　　　　（c）RR 手腕

图 4-28　二自由度手腕

3. 三自由度手腕

三自由度手腕由 B 关节和 R 关节组合而成，组合的方式多种多样。图 4-29（a）所示为 BBR 手腕，可进行 RPY 运动。图 4-29（b）所示为一个 B 关节和两个 R 关节组成的 BRR 手腕，为了不使自由度退化，使末端执行器获得 RPY 运动，第一个 R 关节必须按图 4-29（b）配置。图 4-29（c）所示为 3 个 R 关节组成的 RRR 手腕，它也可以实现手部 RPY 运动。图 4-29（d）所示为 BBB 手腕，很明显，它已经退化为二自由度手腕。此外，B 关节和 R 关节排列的次序不同，会产生不同形式的三自由度手腕。为了使手腕结构紧凑，通常把两个 B 关节安装在一个十字接头上，这可以大大减小 BBR 手腕的纵向尺寸。

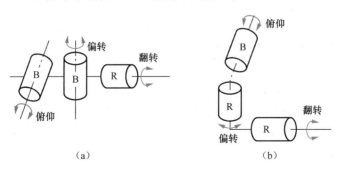

（a）　　　　　　　　　　　　　（b）

图 4-29　三自由度手腕

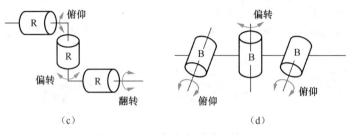

（c）   （d）

图 4-29   三自由度手腕（续）

三、柔顺手腕结构

在用机器人进行的精密装配作业中，被装配零件之间的配合精度相当高。被装配零件的不一致性或工件的定位夹具和机器人手爪的定位精度无法满足装配要求时，会导致装配困难，因此提出了装配动作的柔顺性要求。

柔顺性装配技术有两种。一种是从检测、控制的角度，采取各种不同的搜索方法，实现边校正边装配。有的手爪还配有检测元件，如视觉传感器、力传感器等，这就是主动柔顺装配。另一种是从结构的角度，在手腕配置一个柔顺环节，以满足柔顺装配的需要。这种柔顺装配技术称为被动柔顺装配。

图 4-30 所示是具有水平浮动和摆动浮动机构的柔顺手腕。水平浮动机构由平面、钢球和弹簧构成，实现在两个方向上的浮动；摆动浮动机构由上、下球面和弹簧构成，实现两个方向的摆动。其在装配作业中如遇夹具定位不准或机器人手爪定位不准时可自行校正。其动作过程如图 4-31 所示，在插入装配中工件局部被卡住时，将会受到阻力，促使柔顺手腕起作用，手爪产生一个微小的修正量，使工件能顺利插入。图 4-32 所示是采用板弹簧作为柔性元件的柔顺手腕，在基座上通过板弹簧 1、板弹簧 2 连接框架，框架另两个侧面上通过板弹簧 3、板弹簧 4 连接平板和轴。装配时通过 4 块板弹簧的变形实现柔顺性装配。

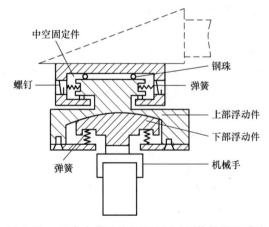

图 4-30   具有水平浮动和摆动浮动机构的柔顺手腕

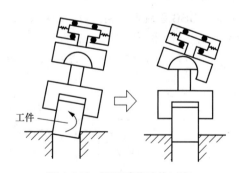

图 4-31   柔顺手腕动作过程

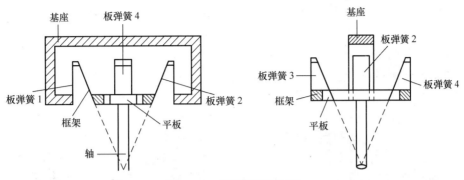

图 4-32　板弹簧柔顺手腕

【思考与练习】

1. 手腕的 3 种运动方式是什么？
2. 简述 3 种自由度手腕的运动形式、运动范围和结构方式。
3. 两种柔顺性装配技术的概念是什么？简述柔顺手腕的结构。

任务三　工业机器人手臂

【任务描述】

人喝水的时候，需要用手抓住杯子，移动胳膊将杯子贴到嘴边，然后调整手腕，使杯中的水从嘴边流入嘴里。这其中就涉及了胳膊的运动。如果没有胳膊，杯子怎能到达嘴边？也就是说没有胳膊，也就无法实现喝水这件事。工业机器人也是如此，它需要手臂和腰部的运动，才能改变位置，实现功能。本任务的内容就是讲解连接机器人手腕和腰部的手臂。

微课
工业机器人手臂

【任务学习】

一、手臂特点

机器人手臂一般由大臂、小臂（或多臂）组成，用来支撑手腕和末端执行器，实现较大的运动范围。手臂的各种运动通常由驱动结构和各种传动结构来实现，总质量较大，受力一般比较复杂。在运动时，它直接承受手腕、末端执行器和工件的静、动载荷，尤其在高速运动时，这将产生较大的惯性力（或惯性力矩），引起冲击，影响定位精度。

手臂的结构、工作范围、灵活性、抓重大小（即臂力）和定位精度都直接影响机器人的工作性质，所以手臂的结构形式必须根据机器人的运动形式、抓取重量、动作自由度、运动精度等因素来确定。手臂的特征如下。

1. 刚度要求高

为防止手臂在运动过程中产生过大的变形，手臂的断面形状要选择合理。工字型断面弯曲刚度一般比圆断面的大；空心管的弯曲刚度和扭转刚度都比实心轴的大得多，所以常用钢管做臂杆（见图 4-33）及导向杆，用工字钢和槽钢做支承杆。

为了提高手臂刚度，也可采用多重闭合的平行四边形的连杆机构代替单一的刚性构件的臂杆，如图 4-34 所示。

图 4-33　空心管手臂　　　　　　图 4-34　平行四边形结构手臂

2. 导向性要好

为防止手臂在直线运动中沿运动轴线发生相对转动，可将导向装置设计成方形、花键等形式的臂杆，如图 4-35 所示。

3. 质量要轻

为提高机器人的运动速度，要尽量减轻手臂运动部分的质量，以减小整个手臂对回转轴的转动惯量。可用特殊实用材料和几何学减轻手臂结构的质量，从而也减小了与之直接相关的重力和惯性载荷，如图 4-36 所示。由镁合金或铝合金构成的横截面恒定的冲压件，对于实现直线运动的结构来说非常方便。要求高加速度的机器人（喷涂机器人）可用碳和玻璃纤维合成物制作手臂，使其轻量化。热塑性塑料提供了廉价且质量轻的连杆结构，但它的负载能力会有所降低。

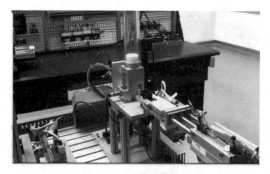

图 4-35　方形臂杆　　　　　　　图 4-36　轻量化臂杆

4. 运动要平稳，定位精度要高

手臂运动速度越高，惯性力引起的定位前的冲击也就越大，运动不平稳，定位精度也不高。因此，除了手臂设计上要求结构紧凑、质量较轻，同时也要采用一定形式的缓冲措施。例如，采用弹簧与气缸作为臂部缓冲装置，如图 4-37 所示。

（a）弹簧作为缓冲装置

（b）气缸作为缓冲装置

图 4-37　带有缓冲装置的机械臂

二、手臂分类

1. 按结构形式分

按结构形式分，手臂有单臂式、双臂式及悬挂式几种类型，如图 4-38 所示。

（a）单臂式

（b）双臂式

（c）悬挂式

图 4-38　手臂的结构形式

2. 按运动形式分

按运动形式分，手臂有移动型、旋转型和复合型等几种类型。

移动型的手臂，可分为单极型和伸缩型（见图 4-39）。单极型手臂由一个可沿另外一个固定表面移动的表面组成，具有结构简单和高刚度的优点。伸缩型手臂本质上是由单极型关节嵌套或组合成的，具有连接紧凑、伸缩比大、惯性小的优点。

（a）单极型手臂

（b）伸缩型手臂

图 4-39　单极型手臂与伸缩型手臂

旋转型手臂的运动形式有左右旋转与上下摆动等，如图 4-40 所示。

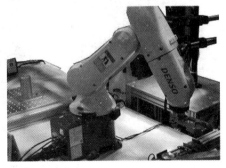

图 4-40　旋转型手臂

复合型的手臂的组合形式有直线运动和旋转运动的组合、两个直线运动的组合和两个旋转运动的组合等。

图 4-41 是曲线凹槽机构手臂结构图，当活塞油缸通入压力油时，推动铣有 N 形凹槽的活塞杆右移，由于销轴固定在前盖上，因此，滚套在活塞杆的 N 形凹槽内滚动，迫使活塞杆既做移动又做回转运动，以实现手臂的复合运动。

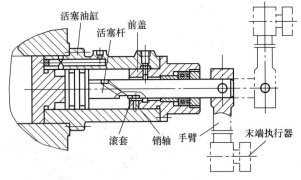

图 4-41　曲线凹槽机构手臂结构图

【思考与练习】

1. 手臂有哪 3 个特点？
2. 两种形式的手臂是如何分类的？

任务四　工业机器人腰部

【任务描述】

由本项目任务三的描述可知，人喝水时还需要腰部的运动。工业机器人也是如此，它需要腰部的运动实现功能。本任务即讲解工业机器人的腰部。

【任务学习】

微课

工业机器人腰部

工业机器人的腰部是连接臂部和基座的部件。目前世界上一些先进的机器人制造厂商，如 ABB、FANUC 和 YASKAWA 等公司都设计出了具有各自特色的机器人腰关节，并且形成了系列化的产品。

工业机器人的腰部通常是回转部件。要实现腕部的空间运动，就离不开腰关节的回转运动与臂部的运动。作为执行结构的关键部件，它的制造误差、运动精度和平稳性对机器人的定位精度有决定性的影响。

　　由于腰部支撑着大臂和小臂上的各运动部件，因此经常传递转矩，需同时承受弯曲和扭转。机器人末端执行器与腰部间的距离越大，腰部的惯性负载也越大。若腰部的结构强度不够，则可能会影响整体刚度，所以设计腰部时要考虑其承载能力与刚性的支撑结构。此外还需要考虑线缆及其他单元的控制元件能否穿过的问题，有些机器人的腰部采用大直径管状构造，如图 4-42 所示。

图 4-42　大直径管状腰部构造的工业机器人

【思考与练习】

简述工业机器人腰部的原理和设计时需考虑的因素。

任务五　工业机器人基座

【任务描述】

　　前面任务中提到的工业机器人的各组成部分需按照顺序连接并安装在一固定装置上，实现机器人的支撑。该固定装置就是本任务的内容——工业机器人的基座。

【任务学习】

　　基座是整个机器人的支持部分，要有一定的刚度和稳定性。若基座不具备行走功能，则构成固定式机器人；若基座具备移动机构，则构成移动式机器人。

一、固定式基座

　　固定式基座一般用铆钉固定在地面或者工作台上，也有的固定在横梁上，如图 4-43 所示。

微课

工业机器人基座

（a）固定在地面 　　　（b）固定在工作台上 　　　（c）固定在横梁上

图 4-43　固定式基座

二、移动式基座

移动式基座有的采用专门的行走装置，有的采用轨道、滚轮机构。其通常由驱动装置、传动机构、位置检测元件、传感器电缆及管路等组成，如图 4-44 所示。

它一方面支撑机器人的机身、手臂和末端执行器，另一

图 4-44　移动式基座

方面还根据作业任务的要求，带动机器人在更广阔的空间内运动。行走机构按其运动轨迹，可分为固定轨迹式和无固定轨迹式。

1. 固定轨迹式行走机构

固定轨迹式行走机构主要用于工业机器人，如横梁式移动机器人。其机身设计成横梁式，用于悬挂手臂部件，这是工厂中常见的一种配置形式。这类机器人的运动形式大多为直移式，它具有占地面积小、能有效地利用空间、直观等优点。一般情况下，横梁可安装在厂房原有建筑的柱梁或有关设备上，也可专门从地面架设，如图 4-45 所示。

如图 4-46 所示，Gudel 公司设计的机器人手臂能在一个弯曲的门架上沿固定轨迹移动。

图 4-45　横梁式移动机器人　　　　　　图 4-46　沿固定轨迹移动的机器人

2. 无固定轨迹式行走机构

无固定轨迹式行走机构按其结构特点可分为轮式行走机构、履带式行走机构和关节式行走机构。在行走过程中，前两者与地面连续接触，其形态为运行车式，多用于野外、较大

型作业场所，应用得较多，也较成熟，如图 4-47（a）、（b）所示；后者与地面间断接触，类似人类（或动物）的腿脚式行走，该机构正在发展和完善中，如图 4-47（c）所示。

　　　（a）轮式　　　　　　　　　　　（b）履带式　　　　　　　（c）关节式

图 4-47　无固定轨迹式行走机构

【思考与练习】

简述两种基座的结构和应用范围。

任务六　工业机器人驱动装置

【任务描述】

　　人的手臂运动是需要肌肉提供动力的，同样工业机器人也需要驱动装置提供动力，使机器人运动，从而实现各种功能。本任务就来讲解工业机器人的驱动装置。

【任务学习】

工业机器人的驱动系统包括驱动器和传动机构两部分，如图 4-48 所示。

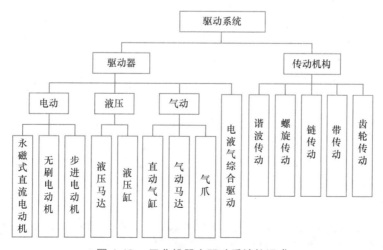

图 4-48　工业机器人驱动系统的组成

驱动装置相当于机器人的"肌肉"与"筋络"，向机械结构系统各部件提供动力。有些机器人通过减速器、同步带、齿轮等机械传动机构进行间接驱动，如图4-49所示。也有些机器人由驱动器直接驱动，比如优傲机器人（Universal Robots）公司推出的新型机械臂UR，其使用了科尔摩根（Kollmorgen）公司的KBM无框直驱电动机，大大减少了机械部件的使用，从而减小了整个系统的重量和外观大小，如图4-50所示。

（a）UR机械臂　　　　（b）KBM无框直驱电动机

图4-49　PUMA机器人上的驱动装置　　图4-50　UR机械臂与KBM无框直驱电动机

工业机器人的驱动器有3类：电动驱动器（电动机）、液压驱动器和气动驱动器。早期的工业机器人选用的是液压驱动器，后来电动驱动式机器人逐渐增多。工业机器人可以单独采用一种驱动方式，也可以采用混合驱动。比如有些喷涂机器人、重载点焊机器人和搬运机器人采用电-液伺服驱动系统，不仅具有点位控制和连续轨迹控制功能，而且具有防爆性能。

一、电动驱动式

电动驱动系统利用各种电动机产生力矩和力，即由电能产生动能，直接或间接地驱动机器人各关节动作，如图4-51所示。电动驱动方式控制精度高，能精确定位，反应灵敏，可实现高速、高精度的连续轨迹控制，适用于中小负载、位置控制精度要求较高、速度要求较高

图4-51　Salisbury三指机器人末端执行器和其电缆结构连接平台与基底

的机器人。伺服电动机具有较高的可靠性和稳定性，并且具有较大的短时过载能力，如交流（AC）伺服喷涂机器人、点焊机器人、弧焊机器人、装配机器人等。

电动机有许多种，如图4-52所示，交流电动机、直流电动机或步进电动机可使用在对点位重复精度和运行速度有较高要求的情况下；直驱（DD）电动机驱动系统适用于对速度、精度要求均很高的情况或洁净环境中。

1. 永磁式直流电动机

永磁式直流电动机有很多不同的类型。低成本的永磁式直流电动机使用陶瓷（铁基）磁铁，玩具机器人和非专业机器人常应用这种电动机，如图4-53所示。无铁心的转子式电动机通常用在小机器人上，有圆柱形和圆盘形两种结构。这种电动机有很多优点，如电感系数很低，摩擦很小且没有嵌齿转矩。其中圆盘电枢式电动机总体尺寸较小，同时有很多换向节，可以

产生具有低转矩的平稳输出。但是无铁心电枢式电动机的缺点在于热容量很低，这是因为其质量小同时传热的通道受到限制，故在高功率工作负荷下，它们有严格的工作循环间隙限制以及被动空气散热需求。直流有刷电动机换向时有火花，对环境的防爆性能较差。

（a）直流无刷电动机

（b）步进电动机

（c）交流伺服电动机

（d）直驱电动机

图 4-52　各种电动机

2. 无刷电动机

无刷电动机使用光学的或者有磁场的传感器以及电子换向电路来代替石墨电刷以及铜条式换向器，因此可以减小摩擦、瞬间放电量以及换向器的磨损。无刷电动机包括直流无刷电动机与交流伺服电动机等。如图 4-54 所示，直流无刷电动机利用霍尔传感器感应到的转子位置，开启（或关闭）换流器（Inverter）中功率晶体管的顺序，产生旋转磁场，并与转子的磁铁相互作用，使电动机顺时针（逆时针）转动。无刷电动机在低成本的条件下表现突出，主要归功于其降低了电动机的复杂性。但是，其使用的电动机控制器要比有刷电动机的控制器更复杂，成本也要更高。

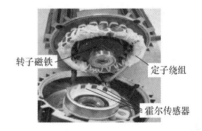
转子磁铁
定子绕组
霍尔传感器

图 4-53　永磁式直流电动机（有刷）　　　图 4-54　直流无刷电动机

交流伺服电动机在工业机器人中应用最广，实现了位置、速度和力矩的闭环控制，其精度由编码器的精度决定，如图 4-55 所示。它具有反应迅速、速度不受负载影响、加减速快、精度高等优点，不仅高速性能好，一般额定转速能达到 2000 ～ 3000r/min，而且低速运行平稳。其抗过载能力强，能承受 3 倍于额定转矩的负载，对有瞬间负载波动和要求快速起动的场合特别适用。比如科尔摩根 AKM 伺服电动机在实现库卡 KRAgilus 系列紧凑型机器人的高动态性和高精度方面发挥着重要作用，如图 4-56 所示。

图 4-55　交流伺服电动机及驱动器　　　图 4-56　库卡 KRAgilus 系列机器人及 AKM 伺服电动机

3. 步进电动机

步进电动机是将电脉冲信号变换为相应的角位移或直线位移的元件，它的角位移量和线位移量与脉冲数成正比，转速或线速度与脉冲频率成正比。在负载能力的范围内，这些关系不因电源电压、负载大小、环境条件的波动而变化，误差不长期积累。但由于其控制精度受步距角限制，调速范围相对较小，高负载或高速度时易失步，低速运行时会产生步进运行等缺点，因此一般只应用于小型或简易型机器人，如图 4-57 所示。一些诸如台式点胶机器人之类的简单的小型机器人通常就使用步进电动机，如图 4-58 所示。微步进控制可以产生 10000 个或是更多独立的机器关节位置，它的能重比较其他类型的电动机更小，如图 4-59 所示。

图 4-57　步进电动机及　　图 4-58　Adept 机器人使用可变磁　　图 4-59　Sony 机器人使用开
　　　　　驱动器　　　　　　　　　　阻步进电动机　　　　　　　　　　　环永磁步进电动机

二、液压驱动式

液压驱动将液压泵产生的工作油的压力能转变成机械能，即发动机带动液压泵，液压泵转动形成高压液流（动力），液压管路将高压液体（液压油）接到液压马达/泵，使其转动，形成驱动力，如图 4-60 所示。液压驱动机器人示例如图 4-61 所示。液压驱动机器人机械臂结构如图 4-62 所示。液压驱动系统控制精度较高，可无级调速，反应灵敏，可实现连续轨迹控制，操作力大，功率体积比大，适合于

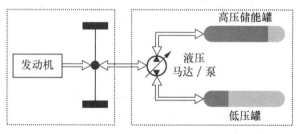

图 4-60　液压驱动系统

大负载、低速驱动。但液压驱动系统对密封的要求较高，且不宜在高温或低温的场合工作，要求的制作精度较高，快速反应的伺服阀成本也非常高，漏液以及复杂的维护也限制了液压驱动机器人的应用。

  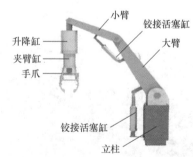

图 4-61　Nachi 的 SC700 机器人与 SC500 机器人　　图 4-62　液压驱动机器人的机械臂结构

　　液压式驱动器通常有直线液压缸和液压马达等几种，驱动控制是通过电磁阀以及一个由低功率的控制电路控制的伺服阀的开闭来实现的。

　　图 4-63 所示为自重式末端执行器，适用于传输垂直上升或水平移动的重型工件。手指的开合动作由铰接活塞油缸实现。图 4-64 所示为飞机模拟驾驶舱，其利用液压驱动驾驶舱下的并联式 Stewart 平台实现运动。

图 4-63　自重式末端执行器

图 4-64　飞机模拟驾驶舱

三、气动驱动式

　　气动驱动式的工作原理与液压驱动式相同，靠压缩空气来推动气缸运动进而带动元件运动。由于气体压缩性大，因此其精度低，阻尼效果差，低速不易控制，难以实现伺服控制，能效比较低；但其结构简单，成本低。故气动驱动适用于轻负载、快速驱动、精度要求较低的有限点位控制的工业机器人（如冲压机器人），或用于点焊等较大型通用机器人的气动平衡，或用于装备机器人的气动夹具。气动驱动装置的结构如图 4-65 所示。

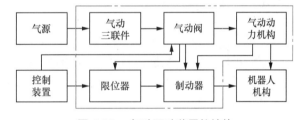

图 4-65　气动驱动装置的结构

　　气动驱动装置（见图 4-66）大致由气源、气动三联件、气动阀、气动动力机构与执行机构组成。气源包括空气压缩机（气泵）、储气罐、油水分离器与调压过滤器等；气动三联件包括分水滤气器、调压器和油雾器（有的采用气动二联件、油水分离器）；气动阀包括电磁阀、节流调速阀和减压阀等；气动动力机构多采用直线气缸和摆动气缸。气缸连接执行机构（如手爪），产生所需的运动。

（a）气泵

（b）油水分离器

（c）级联电磁阀

（d）夹紧气缸

（e）气动手爪

图 4-66　气动驱动装置

气动手爪运动时，气泵、油水分离器控制阀与夹具采用气管相连，机器人控制器与电磁阀采用电线相连，一般采用24V或220V电压控制电磁阀的通断来调整气流的走向。

气动手爪具有动作迅速、结构简单、造价低等优点；缺点是操作力小、体积大、速度不易控制、响应慢、动作不稳定、有冲击。此外，由于空气在负载作用下会压缩和变形，因此气缸的精确控制很难。

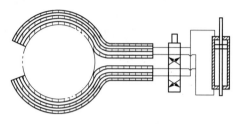

图 4-67　柔性手爪

柔性手爪也可使用气动驱动方式，如图4-67所示。由柔性材料做成一端固定、一端自由的双管合一的柔性管状手爪，当一侧管内充气、另一侧管内抽气时，形成压力差，柔性手爪就向抽气侧弯曲。此种柔性手爪适用于抓取轻型、圆形物体，如玻璃器皿等。

【思考与练习】

简述3种驱动方式驱动装置的工作原理、特点和应用范围。

任务七　工业机器人传动装置

【任务描述】

　　工业机器人驱动装置带动机器人各连杆运动，这需要通过中间设备也就是本任务的内容——传动装置来实现。

【任务学习】

工业机器人的传动装置与一般机械的传动装置的选用和计算大致相同，它以一种高效能的方式通过关节将驱动器和机器人连杆结合起来。传动比决定了驱动器到连杆的转矩、速度和惯性之间的关系。

工业机器人的传动装置除了齿轮传动（圆柱齿轮传动、锥齿轮传动、齿轮链传动、齿轮齿条传动、蜗轮蜗杆传动等）、丝杠传动、行星齿轮传动和RV减速器传动外，还常用柔性元件传动（谐波齿轮传动、绳传动和同步齿形带传动等）。

如图4-68所示，由连杆（活塞杆）机构和铰接活塞油缸实现了手臂的上下摆动。当铰接活塞油缸的两腔通压力油时，通过连杆带动手臂绕轴心做90°的上下摆动。手臂下摆到水平位置时，其水平和侧向的定位由支承架上的定位螺钉来调节。

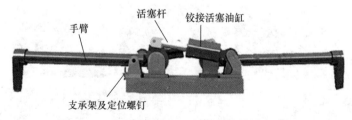

图 4-68　连杆（活塞杆）机构和铰接活塞油缸

如图4-69所示,活塞油(气)缸位于手臂的下方,其连杆(活塞杆)机构和手臂用铰链连接,实现了机器人手臂的俯仰运动(上下摆动)。

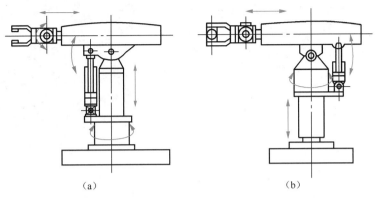

(a)　　　　　　　　　　　　(b)

图 4-69　实现上下摆动的手臂

一、轴承

轴承是各种机械的旋转轴或可动部位的支承元件,它的主要功能是支撑机械旋转体,用以降低设备在传动过程中的机械载荷摩擦系数。它是关节的刚度设计中应考虑的关键因素之一,对机器人的运转平稳性、重复定位精度、动作精确度以及工作的可靠性等关键性能指标具有重要影响。根据其工作时的摩擦性质,轴承可分为滚动轴承和滑动轴承两大类。这里主要介绍滚动轴承。

1. 轴承结构

滚动轴承通常由外圈、内圈、滚动体和保持架4个主要部件组成,如图4-70所示。密封轴承还包括润滑剂和密封圈(或防尘盖)。

内圈和外圈统称套圈,内圈外圆面和外圈内圆面上都有

图 4-70　滚动轴承的结构

滚道(沟),起导轮作用,限制滚动体侧面移动,同时也增大了滚动体与圈的接触面,降低了接触应力。滚动体(钢球、滚子或滚针,如图4-71所示)在轴承内通常借助保持架均匀地排列在两个套圈之间做滚动运动,是保证轴承内外套圈之间具有滚动摩擦的零件,它的形状、大小和数量直接影响轴承的负荷能力和使用性能。

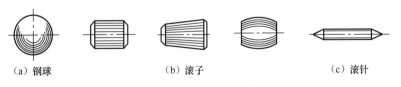

(a)钢球　　　　　　　(b)滚子　　　　　　　(c)滚针

图 4-71　不同的滚动体

最适合工业机器人的关节部位或者旋转部位的轴承有两大类:一类是等截面薄壁轴承,另一类是交叉滚子轴承。

2. 等截面薄壁轴承

等截面薄壁轴承又叫薄壁套圈轴承,如图4-72所示。等截面薄壁轴承与普通轴承不同,其每个系列中的横截面尺寸被设计为固定值,不随内径尺寸的增大而增大,故称之为等截面薄壁轴承。

等截面薄壁轴承具有如下特点。

（1）极度轻且只需要很小的空间。若要提高工业机器人的刚度-质量比值，就需要使用空心或者薄壁结构元件。使用大内孔、小横截面的薄壁轴承，可以节省空间、降低重量，大直径的空心轴内部还可以容纳水管、电缆等，确保了轻量化和配线的空间，使主机的轻型化、小型化成为可能。

（2）使用小外径的钢球，显著降低了摩擦，实现了低摩擦扭矩、高刚性、良好的回转精度。

图 4-72　等截面薄壁轴承

3. 交叉滚子轴承

交叉滚子轴承即圆柱滚子或圆锥滚子在成 90°的 V 形沟槽滚动面上，通过隔离块相互垂直地排列，因此交叉滚子轴承可承受径向负荷、轴向负荷及力矩负荷等多方向的负荷，适合用于工业机器人的关节部和旋转部，常被应用于工业机器人的腰部、肘部、腕部等部位。如图 4-73（a）所示，十字交叉圆柱滚子在轴承内外圆滚道内相互垂直交叉排列。图 4-73（b）、（c）所示为附带和不带安装孔的交叉滚子轴承。

交叉滚子轴承具有如下特点。

（1）具有出色的旋转精度，可达到 P5、P4、P2 级。

（2）操作安装简便。

（3）承载能力大，刚性好。

（a）十字交叉圆柱滚子轴承　　（b）附带安装孔的交叉滚子轴承　　（c）不带安装孔的交叉滚子轴承

图 4-73　高刚性交叉滚子轴承

二、丝杠

普通丝杠驱动是由一个旋转的精密丝杠驱动一个螺母沿丝杠轴向移动的，如图 4-74 所示。由于普通丝杠的摩擦力较大、效率低、惯性大，在低速时容易产生爬行现象，而且精度低，回差大，因此在机器人上较少采用。低成本机器人可使用普通丝杠传动装置，它的特点是在光滑的轧制丝杠上采用有热塑性塑料（如树脂）的螺母，如图 4-75 所示。

图 4-74　螺母与丝杠　　　　　　　图 4-75　树脂螺母与丝杠

在机器人上经常采用滚珠丝杠。通常情况下，装有循环球的螺母通过与丝杠的配合将旋转运动转换成直线运动，如图 4-76 所示。滚珠丝杠可以很容易地与线性轴匹配，是回转运动与直线运动相互转换的理想传动装置。

图 4-76　滚珠丝杠在机器人中的应用

1. 滚珠丝杠工作原理

滚珠丝杠剖面如图 4-77 所示。在丝杠和螺母上加工出弧形螺旋槽，当把它们套装在一起时可形成螺旋滚道，并且在滚道内填满滚珠。当丝杠相对螺母做旋转运动时，滚珠沿着滚道滚动；在丝杠上滚过数圈后，通过回程引导装置（回珠器），滚珠滚回到丝杠和螺母之间，构成一个闭合的回路管道。由于存在滚珠，在传动过程中所受的摩擦力是滚动摩擦，因此该机构可极大地减小摩擦力，提高传动效率，且运动响应速度快。

图 4-77　滚珠丝杠剖面

根据回珠方式的不同，滚珠丝杠可以分为内循环式和外循环式两种，如图 4-78 所示。

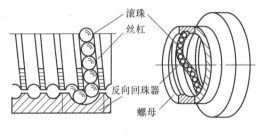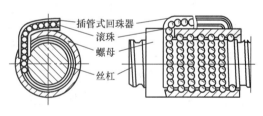

（a）内循环式　　　　　　　　　　　（b）外循环式

图 4-78　滚珠丝杠回珠方式

2. 滚珠丝杠的特点

（1）摩擦损失小，传动效率高。与过去的滑动丝杠副相比，滚珠丝杠驱动力矩达到 1/3 以下，即达到同样运动结果所需的动力为使用滑动丝杠副时的 1/3 以下。

（2）精度高。精确的丝杠可以获得很低或为零的齿隙。

（3）可实现高速进给和微进给。滚珠丝杠副利用滚珠运动，能保证实现精确的微进给。

（4）轴向刚度高。滚珠丝杠副可以加以预压，预压力可使轴向间隙达到负值，从而得到较高的刚性。对短距和中距的行程，其刚度比较好，但由于丝杠只能在轴的两端加工螺纹而成，所以它在长行程中的刚度降低。

（5）具有传动的可逆性。滚珠丝杠能够实现将旋转运动转化为直线运动或将直线运动转化为旋转运动并传递动力的传动方式。

三、齿轮

1. 齿轮的分类

根据中心轴平行与否，齿轮可分为两轴平行齿轮与两轴不平行齿轮。

（1）两轴平行齿轮又可进一步分类。

① 按轮齿方向分，两轴平行齿轮可分为斜齿轮、直齿轮和人字齿轮，如图 4-79 所示。

（a）斜齿轮　　　　　　（b）直齿轮　　　　　　（c）人字齿轮

图 4-79　按轮齿方向分类

② 按轮齿啮合情况分，两轴平行齿轮可分为外啮合齿轮、内啮合齿轮和齿轮齿条，如图 4-80 所示。

（a）外啮合齿轮　　　　　（b）内啮合齿轮　　　　　（c）齿轮齿条

图 4-80　按轮齿啮合情况分类

（2）两轴不平行齿轮又可分为相交轴齿轮（锥齿轮）与交错轴齿轮两类。

① 按轮齿方向分，相交轴齿轮可分为直齿齿轮和斜齿齿轮，如图 4-81 所示。

② 交错轴齿轮可分为交错轴斜齿轮和蜗轮蜗杆，如图 4-82 所示。

（a）直齿齿轮　　　　（b）斜齿齿轮　　　　（a）交错轴斜齿轮　　　（b）蜗轮蜗杆

图 4-81　直齿齿轮和斜齿齿轮　　　　　图 4-82　交错轴斜齿轮和蜗轮蜗杆

以上齿轮的分类可用图 4-83 表示。

直齿轮或斜齿轮传动为机器人提供了可靠的、密封的、维护成本低的动力传递。它们应用于机器人手腕，在这些手腕结构中多个轴线的相交和驱动器的紧凑型布置是必需的。大直径的转盘齿轮用于大型机器人的基座关节，用以提供高刚度来传递高转矩。齿轮传动常用于台座，而且往往与长传动轴联合，实现驱动器和驱动关节之间的长距离动力传输。例如，驱动器和第一减速器可能被安装在肘部的附近，通过一个长的空心传动轴来驱动另一级布置在腕部的减速器或差速器。

双齿轮驱动有时被用来提供主动的预紧力，从而消除齿隙滑移。由于传动比较低，因此其效率普遍低于丝杠传动系。小直径（低齿数）齿轮的重合度较低，因而易造成振动。渐开线齿面齿轮需要润滑油来减少磨损。这些传动系统经常被应用于大型龙门式机器人和轨道式机器人。

蜗轮蜗杆传动偶尔会被应用于低速机器人或机器人的末端执行器中，如图 4-84 所示。它的特点是可以使动力正交地偏转或平移，同时具有高的传动比，机构简单，且具有良好的刚度和承载能力；另外，低效率使它在大传动比时具有反向自锁特性。这使得没有动力时，关节会自锁在其位置上，但另一方面，这也容易造成它们在试图手动改变机器人位置的过程中被损坏。

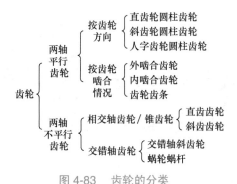

图 4-83　齿轮的分类

图 4-84　蜗轮蜗杆传动的末端执行器

2. 齿轮传动比

齿轮传动的传动比是主动齿轮转速与从动齿轮转速之比，也等于两齿轮齿数的反比。

$$i_{12}=\frac{n_1}{n_2}=\frac{z_2}{z_1} \tag{4-1}$$

式中：n_1、n_2——主、从动轮的转速，r/min；

　　　　z_1、z_2——主、从动轮的齿数。

3. 齿轮链传动

两个或两个以上的齿轮组成的传动机构称为齿轮链，它不但可以传递运动角位移和角速度，而且可以传递力和力矩，如图 4-85 所示。

使用齿轮链机构时应注意两个问题。一是齿轮链的引入会改变系统的等效转动惯量，从而使驱动电动机的响应时间减小，这样伺服系统就更加容易控制。二是在引入齿轮链的同时，由于齿轮间隙误差，将会导致机器人手臂的定位误差增加，假如不采取一些补救措施，齿隙误差还会引起伺服系统的不稳定性。

齿轮链传动的特点如下。

（1）优点

① 瞬时传动比恒定，可靠性高，传递运动准确可靠。

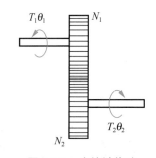

图 4-85　齿轮链传动

N_1—齿轮 1 的转速；N_2—齿轮 2 的转速；
$T_1\theta_1$—齿轮 1 做的功；$T_2\theta_2$—齿轮 2 做的功

②传动比范围大，可用于减速或增速。

③圆周速度和传动功率的范围大，可用于高速（大于 40m/s）、中速和低速（小于 25m/s）的传动；功率可以从小于 1W 到 105kW。

④传动效率高。

⑤结构紧凑，适用于近距离传动。

⑥维护简便。

（2）缺点

①精度不高的齿轮传动时有噪声、振动且冲击大，污染环境。

②无过载保护作用。

③制造某些具有特殊齿形或精度很高的齿轮时，工艺复杂，成本高。

④不适宜用在中心距较大的场合。

4.齿轮齿条传动

齿轮齿条机构常用在机器人手臂的伸缩、升降及横向（或纵向）移动等直线运动中。当齿条固定不动、齿轮传动时，齿轮轴连同拖板沿齿条方向做直线运动，这样，齿轮的旋转运动就转换成拖板的直线运动，如图 4-86 所示。

图 4-86　齿轮齿条传动

齿条的往复运动，可以带动与手臂连接的齿轮做往复回转运动，即实现手臂的回转运动，如图 4-87 所示。

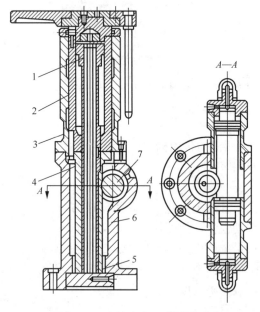

图 4-87　齿轮齿条驱动的手臂

1—活塞杆；2—升降缸体；3—导向套；4—齿轮；5—连接盖；6—基座；7—齿条活塞

齿条的往复运动还能控制夹钳的张合。如图 4-88 所示的齿轮杠杆式末端执行器，由齿轮齿条直接传动，驱动杆末端制成双面齿条，与扇齿轮相啮合，而扇齿轮与手指固定在一起，可绕支点回转。驱动力推动齿条做直线往复运动，即可带动扇齿轮回转，从而使手指松开或闭合。

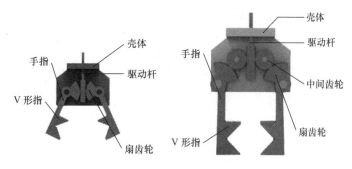

图 4-88　齿轮杠杆式末端执行器

四、星形齿轮

行星减速器因其体积小、传动效率高、减速范围广、精度高等诸多优点，被广泛应用于伺服电动机、步进电动机与直流电动机等的传动系统中。其作用就是在保证精密传动的前提下，降低转速，增大扭矩，降低负载 / 电动机的转动惯量比。

1. 行星齿轮结构

行星齿轮的结构很简单，有一大一小两个圆，两圆同心，在两圆之间的环形部分有另外几个小圆，所有的圆中最大的一个是内齿环，其他几个小圆都是齿轮，中间的圆称为太阳轮，另外 3 个小圆叫行星齿轮，如图 4-89 所示。除了能像定轴齿轮那样围绕着自己的转动轴转动之外，它们的转动轴还随着行星架绕其他齿轮的轴线转动。绕自己轴线的转动称为"自转"，绕其他齿轮轴线的转动称为"公转"，就像太阳系中的行星那样。

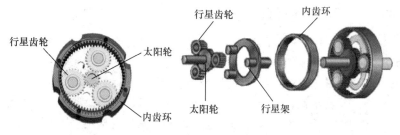

图 4-89　行星齿轮结构图

2. 行星减速器

采用行星齿轮制成的减速器称为行星减速器，是比较典型的减速器之一，如图 4-90 所示。

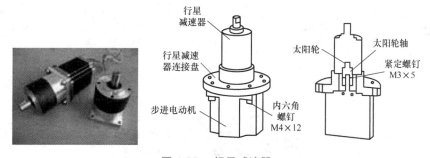

图 4-90　行星减速器

当内齿环固定时，电动机带动太阳轮，太阳轮再驱动支撑在内齿环上的行星齿轮，行星架连接输出轴，就达到了减速的目的。若太阳轮的齿数为 a，行星齿轮的齿数为 b，内齿环的

齿数为 c，则行星减速器减速比为

$$\frac{c}{a}+1 \qquad (4\text{-}2)$$

由于一套行星齿轮无法满足较大的传动比，因此有时需要 2 套或 3 套齿轮来满足用户对较大传动比的要求，一般不超过 3 套，如图 4-91 所示。但有部分大减速比订制减速机有 4 套齿轮，可用"级数"来描述套数。

3. 行星减速器特点

① 结构紧凑，承载能力大，工作平稳。

② 大功率高速行星齿轮传动结构较复杂，要求制造精度高。

③ 行星齿轮传动中有些类型效率高，但传动比不大；另一些类型则传动比可以很大，但效率较低。行星减速器的效率随传动比的增大而减小。

图 4-91　多套行星齿轮构成的减速器

1—输出轴；2—线圈；3—滚珠轴承；4—输出端盖；
5—线圈；6—齿轮轴；7—连接螺栓；8—行星齿轮；
9—保护外壳；10—行星架；11—齿圈；
12—隔离垫片；13—输入太阳轮；14—输入端盖

行星齿轮传动常常被应用在紧凑的齿轮电动机中。为了尽量减小节点齿轮驱动的齿隙游移（空程），齿轮传动系统需要具有仔细的设计、高的精度和刚性的支承，从而成为一个不以牺牲刚度、效率和精度来实现小齿隙的传动机构。可用一些方法控制机器人的齿隙游移，包括选择性装配、齿轮中心调整和专门防游移的设计。

微课

RV 减速器

五、RV 减速器

RV 减速器是由一个行星齿轮减速器的前级和一个摆线针轮减速器的后级组成的。RV 齿轮利用滚动接触元素减少磨损，延长使用寿命；摆线设计的 RV 齿轮和针齿轮结构，进一步减小齿隙，以获得比传统减速器更高的耐冲击能力。此外 RV 减速器具有结构紧凑、扭矩大、定位精度高、振动小、减速比大、噪声低、能耗低等诸多优点，被广泛应用于工业机器人。这里主要以 Nabtesco 的 RV 减速器为例进行介绍，如图 4-92 所示。

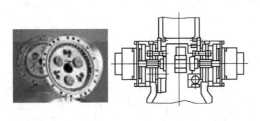

（a）RV-E 型

（b）RV-C 型

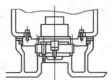

（c）RV 型

图 4-92　Nabtesco 的 RV 减速器

1. RV 减速器的组成

RV 减速器主要由齿轮轴、渐开线中心轮、行星齿轮、曲柄轴、转臂轴承、RV 齿轮、针轮、刚性盘及输出盘等零部件组成，如图 4-93 所示。

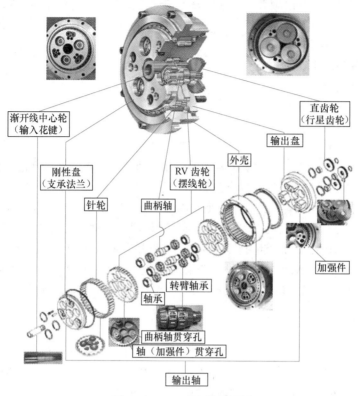

图 4-93　RV 减速器分解图

（1）齿轮轴。齿轮轴用来传递输入功率，且与行星齿轮互相啮合。

（2）行星齿轮。它与转臂（曲柄轴）固连，均匀地分布在一个圆周上，起功率分流的作用，即将输入功率传递给摆线针轮行星机构。

（3）曲柄轴。它是 RV 齿轮的旋转轴，其一端与行星轮相连，另一端与支承法兰相连，它采用滚动轴承带动 RV 齿轮产生公转，又支撑 RV 齿轮产生自转。滚动接触机构起动效率优异、磨耗小、寿命长、齿隙小。

（4）RV 齿轮（摆线轮）。为了实现径向力的平衡并提供连续的齿轮啮合，在该传动机构中，一般应采用两个完全相同的 RV 齿轮，分别安装在曲柄轴上，且两 RV 齿轮的偏心位置相互成 180°。

（5）针轮。针轮与机架固连在一起而成为针轮壳体，在针轮上安装有针齿，其间隙小，耐冲击力强。所有针齿均匀分布在相应的沟槽里，并且针齿的数量比 RV 齿轮轮齿的数量多一个。

（6）刚性盘与输出盘。输出盘是 RV 型传动机构与外界从动工作机相连的构件，输出盘与刚性盘相互连接成为一个双柱支撑机构整体，输出运动或动力。在刚性盘上均匀分布着转臂的轴承孔，而转臂的输出端借助于轴承安装在这个刚性盘上。

2. RV 减速器工作原理

RV 减速器由两级减速组成，如图 4-94 所示。

（1）第一级减速。伺服电动机的旋转经由输入花键的齿轮传动到行星齿轮，从而使速度减小。如果输入花键的齿轮顺时针方向旋转，那么行星齿轮在公转的同时还有逆时针方向自转，而直接与行星齿轮相连接的曲柄轴也以相同速度旋转，作为摆线针轮传动部分的输入。所以说，伺服电动机的旋转运动由输入花键的齿轮传递给行星轮，进行第一级减速。

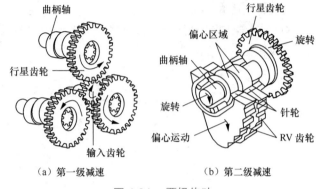

（a）第一级减速　　　　（b）第二级减速

图 4-94　两级传动

（2）第二级减速。由于两个 RV 齿轮被固定在曲柄轴的偏心部位，因此当曲柄轴旋转时，带动两个相距 180° 的 RV 齿轮做偏心运动。

RV 齿轮在绕其轴线公转的过程中会受到固定于针轮壳体上的针齿的作用力而形成与 RV 齿轮公转方向相反的力矩，于是形成反向自转，即顺时针转动。此时 RV 齿轮轮齿会与所有的针齿进行啮合。当曲柄轴完整地旋转一周时，RV 齿轮旋转一个针齿的间距。

通过两个曲柄轴使 RV 齿轮与刚性盘构成平行四边形的等角速度输出机构，将 RV 齿轮的转动等速传递给刚性盘及输出盘。这样完成了第二级减速。总减速比等于第一级减速比乘以第二级减速比。

3. RV 减速器选用

RV 减速器的型号有很多种，如图 4-95 所示。在选择 RV 减速器时，需要先确认负载特性，计算平均负载转矩与平均输出转速，然后根据 RV 减速器的额定表，暂时选定型号，从而计算减速器寿命，确认输入转速，确认起动、停止时转矩，确认外部冲击转矩、主轴承能力、倾斜角度等是否在允许范围内，满足要求后再确定型号。

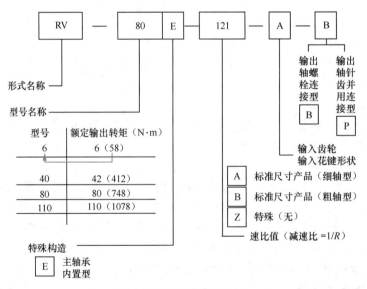

图 4-95　RV 减速器型号

六、谐波齿轮

在人机协作中，机器人常选用柔性传动元件。这种形式的机械柔顺性保证了传动装置与连杆之间的惯性解耦，从而减小了与人类意外碰撞时的动能。这种机械设计不但增加了安全性，更可保证刚性机器人的速度要求及末端执行器的运动精度等要求。

谐波齿轮传动是一种依靠弹性变形运动来实现传动的新型机构，它突破了机械传动采用刚性构件机构的模式，使用了一个柔性构件来实现机械传动。此种传动方式在机器人技术比较先进的国家已得到了广泛的应用，如图 4-96 所示。它传动比大，结构紧凑，常用在中小型机器人上，工业机器人的腕部传动多采用谐波减速器。如图 4-97 所示，模块化机器人的每个电动机整合在相关关节中，并用一个谐波传动装置传动。日本 60% 的机器人驱动装置采用了谐波传动。

微课

谐波减速器

图 4-96　DLR 轻型机械臂

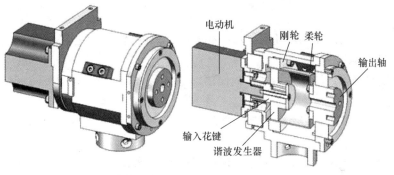

电动机　　刚轮　柔轮

输出轴

输入花键

谐波发生器

图 4-97　模块化机器人的某个关节

1.谐波齿轮组成及工作原理

谐波齿轮由 3 个基本构件组成，如图 4-98 所示。

① 刚轮：刚性的内齿轮。

② 柔轮：薄壳形元件，具有弹性的外齿轮。

③ 波发生器：由凸轮（通常为椭圆形）和薄壁轴承组成。装在波发生器上的滚珠用于支撑柔轮。波发生器驱动柔轮旋转并使之发生弹性变形，转动时柔轮的椭圆形端部只有少数齿与刚轮啮合。

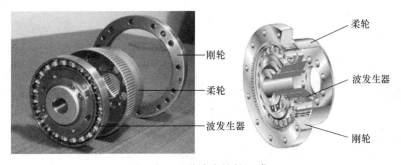

刚轮

柔轮

波发生器

柔轮

波发生器

刚轮

图 4-98　谐波齿轮的组成

当波发生器连续转动时，柔轮齿在啮入—啮合—啮出—脱开这4种状态中循环往复，不断地改变啮合状态，如图4-99所示。这种现象称为错齿运动。正是这种错齿运动，使减速器可以将输入的高速转动变为输出的低速转动。波发生器相对刚轮转动一周时，柔轮相对刚轮的角位移为两个齿距。这个角位移正是减速器输出轴的转动，从而实现了减速的目的。

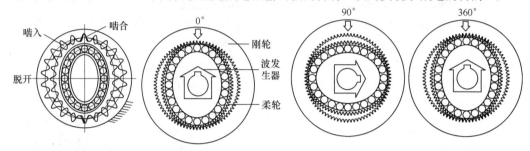

图4-99　谐波齿轮的轮齿状态

任意固定3个构件中的一个，该结构可成为减速传动或增速传动。作为减速器使用时，通常固定刚轮，波发生器装在输入轴上，柔性齿轮装在输出轴上。谐波齿轮传动的传动比为

$$i = -\frac{z_1}{z_2 - z_1} \tag{4-3}$$

式中：z_1为柔轮的齿数；z_2为刚轮的齿数；负号表示柔轮的转向与波发生器的转向相反。

2. 谐波齿轮传动特点

（1）减速比高。谐波齿轮传动结构简单，却能实现高减速比。单级同轴可获得1/30～1/320的高减速比。

（2）齿隙小。谐波驱动不同于普通的齿轮啮合，齿隙极小，这对于控制器领域而言是不可缺少的要素。

（3）精度高。多齿同时啮合，并且有两个180°对称的齿轮啮合，因此齿轮齿距误差和累计齿距误差对旋转精度的影响较为平均，使位置精度和旋转精度达到极高的水准。

（4）零部件少，安装简便。3个基本零部件同轴，所以套件安装简便，造型简洁。

（5）体积小，重量轻。其体积为以往齿轮装置的1/3，重量为其1/2，却能获得相同的转矩容量和减速比，从而实现小型轻量化。

（6）转矩容量高。柔轮材料使用疲劳强度大的特殊钢，与普通的传动装置不同。同时啮合的齿数约占总齿数的30%，而且是面接触，因此使得每个齿轮所承受的压力变小，可获得很高的转矩容量。

（7）效率高。轮齿啮合部位滑动甚小，减少了摩擦产生的动力损失，因此在获得高减速比的同时，得以维持高效率，并可实现驱动电动机的小型化。

（8）噪声低。轮齿啮合周速低，传递运动力量平衡，因此运转安静，且振动极小。

七、同步带

同步带往往应用于较小的机器人的传动机构和一些大机器人的轴上。如选择性柔顺机器人（SCARA家族）常用皮带作为传动/减速元件。其功能大致和带传动相同，但具有连续驱动的能力。

1. 同步带传动工作原理

同步带类似于工厂的风扇皮带和其他传动带，所不同的是这种传动

微课

工业机器人带传动

带上具有许多型齿，它们和同样具有型齿的同步轮的轮齿相啮合，如图 4-100 所示。

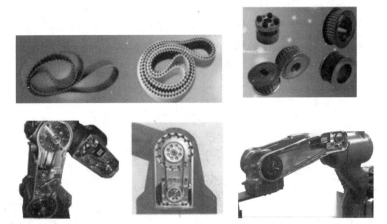

图 4-100　同步带与同步轮及其应用

工作时，它们相当于柔软的齿轮，张紧力被惰轮或轴距的调整所控制，如图 4-101 所示。在伺服系统中，如果输出轴的位置采用码盘测量，则输入传动的同步带可以放在伺服环外面，这对系统的定位精度和重复性不会有影响，重复精度可以达到 1mm 以内。

图 4-101　同步带传动的应用

2. 同步带传动特点

① 传动准确，工作时无滑动，具有恒定的传动比。

② 传动平稳，具有缓冲、减振能力，噪声低。

③ 传动效率高，可达 0.98，节能效果明显。

④ 维护保养方便，不需润滑，维护费用低。

⑤ 速比范围大，一般可达 10。多级（2 级或 3 级）带传动有时会被用来产生大的传动比（可高达 100:1），线速度可达 50m/s，具有较大的功率传递范围，可从几瓦到几百千瓦。

⑥ 可用于长距离传动，中心距可达 10m 以上。但是长皮带的弹性和质量可能导致驱动不稳定，从而增加机器人的稳定时间。

八、缆绳

使用缆绳传动可以使驱动器布置在机器人基座附近，从而提高动力学效率。如图 4-102 所示的 Scienzia Machinale 缆绳驱动机器人 Dexter，它的第 3 ～ 8 个电动机布置在第二连杆中，通过钢缆及滑轮将运动传递到末端。

为了能对不同外形的物体实施抓取，并使物体表面受力比较均匀，手爪需要增加柔性。图 4-103 所示为多关节柔性手爪，手指由多个关节串联而成。手指传动部分由牵制钢丝绳及摩擦滚轮组成，每个手指由两根钢丝绳牵引。一侧为紧握，另一侧为放松。驱动源可采用电动机驱动或液压、气动元件驱动。柔性手爪可抓取凹凸不平的外形，并使物体受力较为均匀。

图 4-102　Scienzia Machinale 缆绳
　　　　　驱动机器人 Dexter

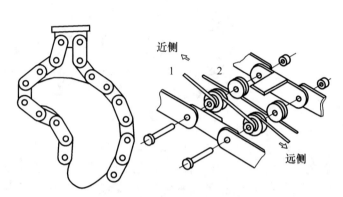

图 4-103　　多关节柔性手爪

【思考与练习】

工业机器人传动装置有哪几种？它们的作用、工作原理和特点是什么？

项目总结

机械结构是工业机器人的基本结构。本项目首先从不同的角度对工业机器人的末端执行器进行了分类，并介绍了末端执行器的不同类型及各自的特点；然后分别介绍了工业机器人的手腕、手臂、腰部、基座；最后介绍了工业机器人驱动方式的不同类型，包括电力驱动、液压驱动、气动驱动。项目四的技能图谱如图 4-104 所示。

图 4-104　　项目四的技能图谱

项目习题

1. 工业机器人末端执行器的特点是什么？

2. 按工作原理不同，末端执行器大致分为哪几类？

3. 按夹持方式不同，末端执行器有哪几种？

4. 气吸附式取料手有哪几种？

5. 气吸附式取料手与夹钳式取料手相比，具有哪些优点？有哪些要求？

6. 试述电磁吸盘的基本原理。

7. 如图 4-105 所示的平移型手爪，此时手爪动作是张开还是合拢？

8. 什么叫 R 手腕、B 手腕？什么叫 RPY 运动？

9. 机器人的手臂有哪些运动形式？

10. 机器人的手臂特征有哪些？

11. 机器人的行走机构有哪些？各有什么特点？

12. 机器人的传动方式有哪些？各有什么特点？

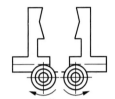

图 4-105　平移型手爪

13. 滚动轴承通常由＿＿＿＿、＿＿＿＿、＿＿＿＿和保持架 4 个主要部件组成。

14. 最适合用在工业机器人的关节部位或者旋转部位的轴承有两大类：一是＿＿＿＿轴承，另一类是＿＿＿＿轴承。

15. 按两轴平行齿轮的轮齿方向分，可分为＿＿＿＿轮、＿＿＿＿轮和＿＿＿＿齿轮。

16. 行星齿轮结构中，太阳轮齿数为 16，内齿环的齿数为 48，行星齿轮的齿数为 16，太阳轮接输入轴，内齿环固定，行星架接输出轴，求减速比。

17. 齿轮传动的传动比，指主动轮与从动轮的＿＿＿＿之比，与齿数成＿＿＿＿比（正、反），用公式表示为＿＿＿＿。

18. 齿轮传动是利用主动轮、从动轮之间齿轮的＿＿＿＿来传递运动和动力的。

19. 根据齿形不同，齿轮可以分为哪几类？

20. 蜗轮蜗杆属于交错轴齿轮还是相交轴齿轮？

21. 一齿轮的分度圆直径为 30mm，齿数为 30，求模数。

22. 两个齿轮传动，主动轮齿数 $z_1=20$，从动轮齿数 $z_2=50$，主动轮齿轮转速 $n_1=1000r/min$，试计算传动比 i 和从动轮转速 n_2。

23. 工业机器人的机械主体的主要组成部分包括（　　）。

①传动单元　②控制器　③示教器　④驱动装置　⑤执行机构

A.①③④　B.①④⑤　C.①⑤　D.②③⑤

项目五
工业机器人传感部分

项目引入

  工业机器人的传感部分可以比喻成人的眼、鼻等感觉器官。通过内部传感器，工业机器人可以感知自身的位置和状态变化；通过外部传感器，工业机器人可以实时了解环境的变化，如物料颜色、喷涂区域等。在设计工业机器人应用系统时，设计人员一般无需考虑工业机器人内部传感器的类型、工作原理等，这些都是由工业机器人厂商考虑的，设计人员只需考虑外部传感器的类型、性能指标等，如灵敏度、测量范围、精度、分辨率等。

  本项目的学习内容就是了解工业机器人传感器的类型、性能指标，各类传感器的工作原理和使用范围及其组合使用等。

知识图谱

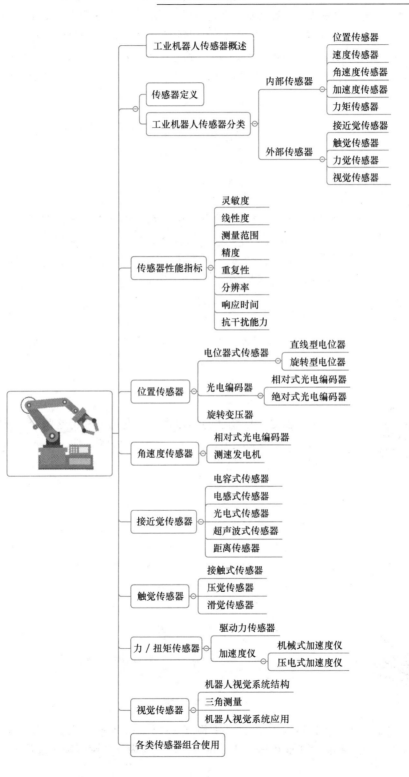

工业机器人传感部分包括感受系统和机器人-环境交互系统。其中，感受系统包括内部检测系统与外部检测系统两部分。内部检测系统的作用就是通过各种检测器检测执行机构的运动情况，根据需要反馈给控制系统，与设定值进行比较后对执行机构进行调整以保证其动作符合设计要求。外部检测系统检测机器人所处环境、外部物体状态或机器人与外部物体的关系。

机器人-环境交互系统是实现工业机器人与外部环境中的设备相互联系和协调的系统。工业机器人与外部设备集成为一个功能单元，如加工制造单元、焊接单元、装配单元等。当然，也可以将多台机器人、多台机床或设备、多个零件存储装置等集成为一个执行复杂任务的功能单元。

任务一　工业机器人传感器概述

【任务描述】

人为了从外界获取信息，必须借助于视、听、触、味与嗅5种感觉器官。但在研究自然现象、规律时或在生产活动中，单靠人们自身的感觉器官，就远远不够了。传感器是模仿人类五官得到的，又被称为电五官，可以获取大量人类感官无法直接获取的信息。本任务就来了解工业机器人传感器的定义和分类。

【任务学习】

在工业机器人中，传感器赋予机器人触觉、视觉和位置觉等感觉，它是机器人获取信息的主要途径与手段。

一、传感器定义

微课

工业机器人的传感系统—传感器的定义

传感器是利用物体的物理、化学变化，并将这些变化转换成电信号（电压、电流和频率）的装置，通常由敏感元件、转换元件和基本转换电路组成，其工作过程：通过对某一物理量（如压力、温度、光照度、声强等）敏感的元件感受到被测量，然后将该信号按一定规律转换成便于利用的电信号进行输出，如图5-1所示。其中，敏感元件的基本功能是将某种不易测量的物理量转换为易于测量的物理量，转换元件的功能是将敏感元件输出的物理量转换为电量，它与敏感元件一起构成传感器的主要部分；基本转换电路的功能是将敏感元件产生的不易测量的小信号进行转换，使传感器的信号输出符合具体工业系统的要求（如 $4 \sim 20 \, \text{mA}$、$-5 \sim 5 \text{V}$）。

微课

工业机器人的传感系统—传感器的分类

图 5-1　传感器的组成

二、工业机器人传感器分类

机器人工作时，需要检测其自身的状态和作业对象与作业环境的状态，据此，工业机器人所用传感器可分为内部传感器和外部传感器两大类。

1. 内部传感器

内部传感器是用于测量机器人自身状态参数的功能元件，具体检测的对象有关节的线位移、角位移等几何量，速度、角速度、加速度等运动量，还有电动机扭矩等物理量。它常被用于控制系统中，是当今机器人反馈控制中不可缺少的元件。该类传感器安装在机器人中，用来感知机器人自身的状态，以调整和控制机器人的行动。

2. 外部传感器

外部传感器用于测量与机器人作业有关的外部信息，这些外部信息通常与目标识别、作业安全等有关。检测机器人所处环境（如距离物体有多远等）及状况（抓取物体是否滑落等）都要使用外部传感器。外部传感器可获取机器人周围环境、目标物的状态特征等相关信息，使机器人和环境发生交互作用，从而使机器人对环境有自校正和自适应能力。根据机器人是否与被测对象接触，外部传感器可分为接触传感器和非接触传感器，常用的外部传感器有力觉传感器、触觉传感器、接近觉传感器、视觉传感器等。一些特殊领域应用的机器人还可能需要具有温度、湿度、压力、滑动量、化学性质等感觉能力的传感器。

传统的工业机器人仅采用内部传感器，用于对机器人运动、位置及姿态进行精确控制。外部传感器使得机器人对外部环境具有一定程度的适应能力，从而表现出一定程度的智能性。机器人传感器的分类如图 5-2 和表 5-1 所示。

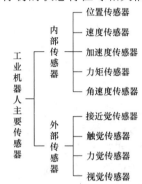

图 5-2　工业机器人传感器分类

表 5-1　　　　　　　　　　　　机器人传感器的分类

	用途	机器人的精确控制
内部传感器	检测的信息	位置、角速度、速度、加速度、姿态、方向等
	所用传感器	微动开关、光电开关、差动变压器、编码器、电位计、旋转变压器、测速发电机、加速度计、陀螺仪、倾角传感器、力/扭矩传感器
外部传感器	用途	了解工件在环境或机器人在环境中的状态，灵活、有效地操作工件
	检测的信息	工件和环境：形状、位置、范围、质量、姿态、运动、速度等；机器人和环境：位置、速度、加速度、姿态等；对工件的操作：非接触（间隔、位置、姿态等）、接触（障碍检测、碰撞检测等）、触觉（接触觉、压觉、滑觉）、夹持力等
	所用的传感器	视觉传感器、光学测距传感器、超声测距传感器、触觉传感器、电容传感器、电磁感应传感器、限位传感器、压敏导电橡胶、弹性体加应变片等

给工业机器人装备什么样的传感器，对这些传感器有什么要求，这是设计机器人感受系统时遇到的首要问题。选择机器人传感器应当完全取决于机器人的工作需要和应用特点。因此要根据检测对象、具体的使用环境选择合适的传感器，并采取适当的措施，减小环境因素产生的影响。

【思考与练习】

工业机器人传感器分为哪几种？各类传感器的用途是什么？

任务二　传感器性能指标

　　为评价或选择传感器，通常需要确定传感器的性能指标。

一、灵敏度

　　灵敏度是指传感器的输出信号达到稳定时，输出信号变化与输入信号变化的比值。假如传感器的输出和输入呈线性关系，其灵敏度可表示为

$$s = \frac{\Delta y}{\Delta x} \tag{5-1}$$

　　式中：s 为传感器的灵敏度；Δy 为传感器输出信号的增量；Δx 为传感器输入信号的增量。

　　假设传感器的输出与输入呈非线性关系，则其灵敏度就是该曲线的导数。传感器输出量的量纲和输入量的量纲不一定相同。若输出和输入具有相同的量纲，则传感器的灵敏度也称为放大倍数。一般来说，传感器的灵敏度越大越好，这样可以使传感器的输出信号精确度更高、线性程度更好。但是过高的灵敏度有时会导致传感器的输出稳定性下降，所以应该根据机器人的要求选择大小适中的传感器灵敏度。

二、线性度

　　线性度反映传感器输出信号与输入信号之间的线性程度。假设传感器的输出信号为 y，输入信号为 x，则 y 与 x 的关系可表示为

$$y = bx \tag{5-2}$$

　　若 b 为常数，或者近似为常数，则传感器的线性度较高；如果 b 是一个变化较大的量，则传感器的线性度较差。机器人控制系统应该选用线性度较高的传感器。实际上，只有在少数情况下，传感器的输出和输入才呈线性关系。在大多数情况下，b 都是 x 的函数，即

$$b = f(x) = a_0 + a_1 x_1 + a_2 x_2 + \cdots + a_n x_n \tag{5-3}$$

　　如果传感器的输入量变化不太大，且 a_1，a_2，$\cdots$，a_n 都远小于 a_0，那么可以取 $b_0 = a_0$，近似地把传感器的输出和输入看成是线性关系。常用的线性化方法有割线法、最小二乘法、最小误差法等。

三、测量范围

　　测量范围是指被测量的最大允许值和最小允许值之差。一般要求传感器的测量范围必须覆盖机器人有关被测量的工作范围。如果无法达到这一要求，可以设法选用某种转换装置，但这样会引入某种误差，使传感器的测量精度受到一定的影响。

四、精度

　　精度是指传感器的测量输出值与实际被测量值之间的误差。在机器人系统设计中，应该

根据系统的工作精度要求选择合适的传感器精度。

应该注意传感器精度的使用条件和测量方法。使用条件包括机器人所有可能的工作条件，如不同的温度、湿度、运动速度、加速度，以及在可能范围内的各种负载作用等。用于检测传感器精度的测量仪器必须具有比传感器高一级的精度，进行精度测试时也需要考虑最坏的工作条件。

五、重复性

重复性是指传感器在对输入信号按同一方式进行全量程连续多次测量时，相应测试结果的变化程度。测试结果的变化越小，传感器的测量误差就越小，重复性越好。对于多数传感器来说，重复性指标优于精度指标，这些传感器的精度不一定很高，但只要温度、湿度、受力条件和其他参数不变，传感器的测量结果也不会有较大变化。同样，对于传感器的重复性，也应考虑使用条件和测试方法。对于示教 - 再现型机器人，传感器的重复性至关重要，它直接关系到机器人能否准确地再现示教轨迹。

六、分辨率

分辨率是指传感器在整个测量范围内所能辨别的被测量的最小变化量，或者所能辨别的不同被测量的个数。辨别的被测量最小变化量越小，或被测量个数越多，则其分辨率越高；反之，则分辨率越低。无论是示教 - 再现型机器人，还是可编程型机器人，都对传感器分辨率有一定的要求。传感器的分辨率直接影响机器人的可控程度和控制品质。一般需要根据机器人的工作任务规定传感器分辨率的最低限度要求。

七、响应时间

响应时间是传感器的动态特性指标，是指传感器的输入信号变化后，其输出信号随之变化并达到一个稳定值所需要的时间。在某些传感器中，输出信号在达到某一稳定值前会发生短时间的振荡。传感器输出信号的振荡对于机器人控制系统来说非常不利，它有时可能会造成一个虚设位置，影响机器人的控制精度和工作精度，所以传感器的响应时间越短越好。响应时间的计算应当以输入信号开始变化的时刻为起点，以输出信号达到稳定值的时刻为终点。实际上，还需要规定一个稳定值范围，只要输出信号的变化不再超出此范围，即可认为它已经达到了稳定值。对于具体系统设计，还应规定响应时间容许上限。

八、抗干扰能力

机器人的工作环境是多种多样的，在有些情况下可能相当恶劣，因此对于机器人用传感器必须考虑其抗干扰能力。传感器输出信号的稳定是控制系统稳定工作的前提，为防止机器人系统的意外动作或发生故障，设计传感器系统时必须采用可靠性设计技术。通常抗干扰能力是通过单位时间内发生故障的概率来定义的，因此它是一个统计指标。

在选择工业机器人传感器时，需要根据实际工况、检测精度、控制精度等具体的要求来确定所用传感器的各项性能指标，同时还需要考虑机器人工作的一些特殊要求，比如重复性、稳定性、可靠性、抗干扰性要求等，最终选择性价比较高的传感器。

【思考与练习】

简述传感器的各种性能指标以及每种性能指标对机器人的影响。

任务三　位置传感器

当需要查看机器人的位置、关节角时，就需要机器人的位置传感器。

位置传感器主要用于检测工业机器人的空间位置、角度与位移距离等物理量。选择位置传感器时，要考虑工业机器人各关节和连杆的运动定位精度要求、重复精度要求以及运动范围要求等。

一、电位器式传感器

电位器式传感器常被用于测量机器人关节线位移和角位移，是位置反馈控制中必不可少的元件。它可将机械的直线位移或角位移输入量转换为与其呈一定函数关系的电阻或电压输出。电位器式传感器一般由电阻元件、骨架及电刷等组成。根据滑动触头的运动方式，电位器式传感器分为直线型和旋转型。

微课

工业机器人的传感系统—电位器式传感器

1. 直线型电位器

直线型电位器的结构如图 5-3 所示，当测量轴发生直线位移时，与其相连的触头也发生位移，从而改变了触头与滑线电阻端的电阻值和输出电压值，根据输出电压值的变化，可以测出机器人各关节的位置和位移量。其工作原理如图 5-4 所示，触头滑动距离可由电压值求得

$$x = \frac{L(2U_{\text{out}} - U_{\text{CC}})}{2U_{\text{CC}}} \tag{5-4}$$

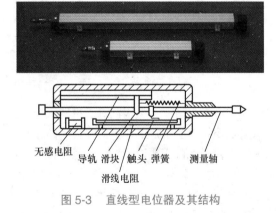

无感电阻　导轨 滑块 触头 弹簧　测量轴
滑线电阻

图 5-3　直线型电位器及其结构

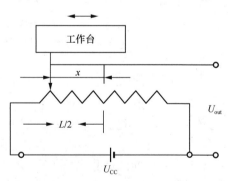

图 5-4　直线型电位器工作原理

2. 旋转型电位器

旋转型电位器有单圈电位器和多圈电位器两种。前者的测量范围小于 360°，对分辨率也有限制，后者有更大的工作范围及更高的分辨率。单圈旋转型电位器如图 5-5 所示，电阻元件为圆弧状，滑动触头在电阻元件上做圆周运动。当滑动触头旋转了 θ 角时，触头与滑线电

阻端的电阻值（$R_{\circ}$）和输出电压值（$U_{\circ}$）也发生了变化。θ 角的计算公式为

$$\theta = 360° \times \frac{U_{\circ}}{U_{r}} \qquad (5\text{-}5)$$

 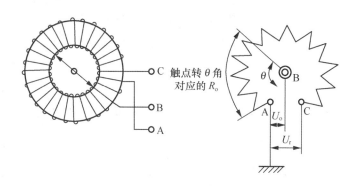

（a）实物 （b）工作原理

图 5-5 单圈旋转型电位器

电位器式传感器有很多优点，除了价格低廉、结构简单、性能稳定、使用方便外，它的位移量与输出电压量之间是线性关系。由于电位器的滑动触点位置不受电源影响，故其即使断电也不会丢失原有的位置信息。但是其分辨率不高，电刷和电阻之间接触容易磨损，影响电位器的可靠性及使用寿命。因此，电位器式传感器在工业机器人上的应用逐渐被光电编码器取代。

二、光电编码器

光电编码器在工业机器人中的应用非常广泛，如图 5-6 所示，其分辨率完全能满足技术要求。它是一种通过光电转换将输出轴上的直线位移或角度变化转换成脉冲或数字量的传感器，属于非接触式传感器。光电编码器主要由码盘、检测光栅和光电检测装置（有光源、光敏元件、信号转换电路）、机械部件等组成，如图 5-7 所示。

图 5-6 光电编码器

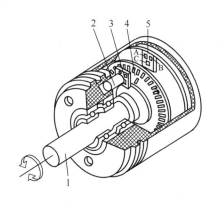 

图 5-7 光电编码器结构图

1—转轴；2—LED；3—检测光栅；4—码盘；5—光敏元件

码盘上有透光区与不透光区。光线透过码盘的透光区，使光敏元件导通，产生电流 I，输出端电压 V_o 为高电平。

$$V_o = RI \tag{5-6}$$

若光线照射到码盘的不透光区，则光敏元件不导通，输出电压为低电平，如图 5-8 所示。

根据码盘上透光区域与不透光区域分布的不同，光电编码器又可分为绝对式和相对式（增量式），如图 5-9 所示。

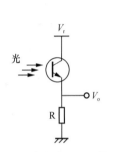

图 5-8 光电编码器工作原理

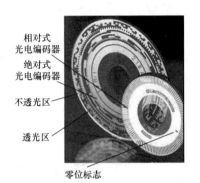

图 5-9 码盘

1. 相对式光电编码器

相对式光电编码器又称为增量式光电编码器。测量旋转运动最常见的传感器是相对式（正交）光电编码器。其圆形码盘上的透光区与不透光区相互间隔，均匀分布在码盘边缘，如图 5-10 所示。在码盘两边分别安装光源及光敏元件。当码盘随转轴同步转动时，每转过一个透光区与一个不透光区就产生一次光线的明暗变化，经整形放大，可以得到一个电脉冲输出信号，将该脉冲信号送到计数器中进行计数，由累加的脉冲信号数能知道码盘转过的角度。通过计算每秒光电编码器输出脉冲的个数就能反映当前电动机的转速。此外，为判断旋转方向，相对式光电编码器还可提供相位相差 90° 的两路方波脉冲 A、B 信号。所以通过该编码器可以直接计算位移和方向。

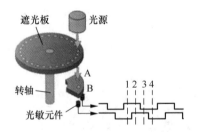

状态	脉冲A	脉冲B
1	高	低
2	高	高
3	低	高
4	低	低

图 5-10 相对式光电编码器工作原理

码盘上透光区与不透光区的密度决定测量的解析度。将该传感器安装至电动机减速齿轮的上游，精确度可以轻易超过 0.001°。

相对式光电编码器原理构造简单，码盘加工容易，成本比绝对式光电编码器低，分辨率高，抗干扰能力强，适用于长距离传输。但是其采用计数累加的方式测得位移量，只能提供对于某基准点的相对位置。为此，在工业控制中，每次操作相对式光电编码器时，需进行基准点校准（码盘盘片上通常刻有单独的一个小洞表示零位），如图 5-11 所示。

2.绝对式光电编码器

绝对式光电编码器的圆形码盘上沿径向的若干同心圆，被称为码道，一个光敏元件对准一个码道。若码盘上的透光区对应二进制 1，不透光区对应二进制 0，则沿码盘径向，由外向内，可依次读出码道上的二进制数，如图 5-12 所示。

这种编码器不是要计数，而是当与转轴相连的码盘旋转时，在转轴的任意位置都可读出一个与位置相对应的数字码，从而检测出绝对位置。此外，它没有累积误差，断电后位置信息也不会丢失。

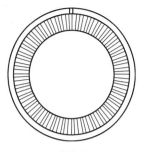

图 5-11　带校准孔的码盘

绝对式光电编码器编码的设计采用二进制码或格雷码，如表 5-2 所示。由于格雷码相邻数码之间仅改变一位二进制数，所以误差不超过 1，被大多数光电编码器所使用。

表 5-2　　　　　　　　　　　　　　　　格雷码

十进制	0	1	2	3	4	5	6	7	8	9	10	11	12	13	14	15
格雷码	0	0	0	0	0	0	0	0	1	1	1	1	1	1	1	1
	0	0	0	0	1	1	1	1	1	1	1	1	0	0	0	0
	0	0	1	1	1	1	0	0	0	0	1	1	1	1	0	0
	0	1	1	0	0	1	1	0	0	1	1	0	0	1	1	0

若码盘上有 n 条码道，则被均分为 2^n 个扇形，该编码器能分辨的最小角度（分辨率）为

$$\alpha = \frac{360°}{2^n} \tag{5-7}$$

图 5-12 所示的绝对式光电编码器码盘有 4 条码道，则该编码器的分辨率为

$$\alpha = \frac{360°}{2^4} = 22.5° \tag{5-8}$$

显然，码道越多，分辨率就越高。

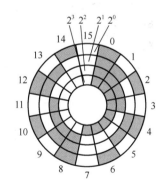

图 5-12　绝对式光电编码器工作原理

三、旋转变压器

旋转变压器和光电编码器是目前伺服领域应用较广的测量元件，用途类似光电编码器，其原理和特性上的区别决定了应用场合和使用方法的不同。

旋转变压器由定子和转子组成，当定子绕组通过交流电流时，转子绕组中便有感应电动势 V_0 产生，且随着转子的转角 θ 变化。

$$V_0 = K_1 V_m \sin(\omega t + \theta) \tag{5-9}$$

式中：K_1 为转子、定子间的匝数比；ω 为定子绕组中所加交流励磁电压的频率；V_m 为定子绕组中所加交流励磁电压的幅值。

旋转变压器的原理如图 5-13 所示。

使用时将旋转变压器的转子与工业机器人的关节轴连接，测出转子感应电动势的相位就

可以确定关节轴的角位移了。

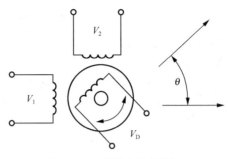

图 5-13　旋转变压器原理

旋转变压器具有耐冲击、耐高温、耐油污、高可靠、长寿命等优点；其缺点是输出为调制的模拟信号，输出信号解算较复杂。

【思考与练习】

1. 简述电位器式传感器的工作原理、优缺点以及应用。
2. 简述光电编码器的工作原理、优缺点以及应用。
3. 简述旋转变压器的工作原理、优缺点以及应用。

任务四　角速度传感器

【任务描述】

当对机器人的转角要求精确时，就需要角速度传感器进行测量反馈。

【任务学习】

角速度传感器应用科里奥利力（Coriolis Force）原理，内置特殊的陶瓷装置，大大地简化了设备结构和电路装置，从而具备优越的操作特性。它主要应用于运动物体的位置控制和姿态控制，以及其他需要精确测量角速度的场合。

下面列举两种测量角速度的传感器。

一、相对式光电编码器

相对式光电编码器又称为增量式光电编码器，其工作原理是将角位移转换成周期性的电信号，再把这个电信号转变成计数脉冲，用脉冲的个数表示角位移的大小，然后进行微分就可以得到角速度了。对相对式光电编码器的介绍见本项目任务三的内容。

二、测速发电机

图 5-14 所示为测速发电机的构造。测速发电机与普通发电机的原理相同，除具有直流输

出型和交流输出型外，还有感应型。

对于直流输出型测速发电机，在其定子的永久磁铁产生的静止磁场中，安装着绕有线圈的转子。当转动转子时，就会产生交流电，其经过二极管整流后，就会变换成直流电输出，输出电压 u 与转子的角速度 ω 成正比：

$$u = A\omega \tag{5-10}$$

式中，A 为常数。进而通过测量输出电压，即可得到角速度。

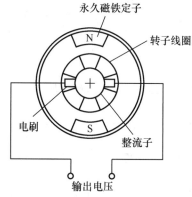

（a）带整流子的直流输出型测速发电机　　（b）交流输出型测速发电机

图 5-14　测速发电机的构造

【思考与练习】

1. 角速度传感器的优点是什么？举例说明角速度传感器的应用。
2. 两种角速度传感器的工作原理是什么？

任务五　接近觉传感器

【任务描述】

用接近觉传感器可感知附近的对象物体，从而使手臂减速慢慢接近物体。

【任务学习】

接近觉是指机器人能感觉到距离几毫米到十几厘米远的对象物或障碍物，能检测出物体的距离、相对角等。

接近觉传感器可分为 5 种：电容式传感器、电感式（感应电流式）传感器、光电式（反射或透射式）传感器、超声波式传感器和距离传感器，如图 5-15 所示。

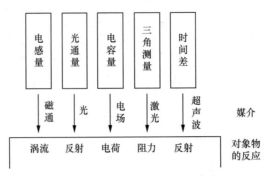

图 5-15　接近觉传感器

一、电容式传感器

电容式传感器如图 5-16 所示，其电容值受到极板的间距、相对面积和极板间系数的影响：

$$C = \frac{\varepsilon A}{d} = \frac{\varepsilon_0 \varepsilon_r A}{d} \qquad (5-11)$$

式中：d 为极板间距；A 为极板相对面积；ε 为极板间介质的介电常数；ε_0 为真空介电常数；ε_r 为介质材料的相对介电常数。

当动极板受被测物体作用引起位移时，改变了两极板之间的距离 d，从而使电容量发生变化，如图 5-17 所示。

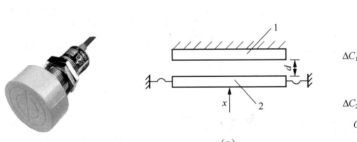

（a）　　　　　　　　　　　（b）

图 5-16　电容式传感器　　　　　　　图 5-17　电容式传感器特征分析

1—定极板；2—动极板

二、电感式传感器

微课

工业机器人的传感系统—电感式接近传感器、电容式接近传感器

自动化生产线的供料单元中，为了检测待加工工件是否为金属材料，在供料管底座侧面安装了一个电感式传感器，如图 5-18 所示，同时用于分拣单元不同金属工件的检测。

电磁场感测是另外一种感测模式，它使用电涡流效应和霍尔效应探

图 5-18　电感式传感器的应用

针测量铁磁性和导电性。

电涡流效应是指，当金属物体处于一个交变的磁场中时，在金属内部会产生交变的电涡流，该涡流又会反作用于产生它的磁场这样一种物理效应。如果这个交变的磁场是由一个电感线圈产生的，则这个电感线圈中的电流就会发生变化，用于平衡涡流产生的磁场，因此可以用于金属物体的检测，如图5-19所示。

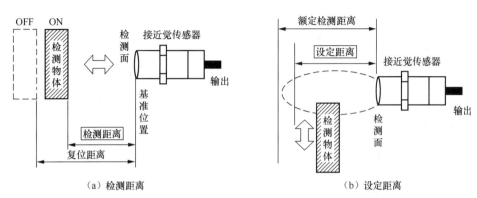

（a）检测距离　　　　　　　　　　（b）设定距离

图 5-19　电涡流传感器的使用

霍尔传感器如图5-20所示。其工作原理为霍尔效应：半导体薄片置于磁感应强度为 B 的磁场中，磁场方向垂直于薄片，当有电流 I 流过薄片时，在垂直于电流和磁场的方向上将产生电动势 E_H。

图 5-20　霍尔传感器

H_1—半导体薄片1的磁场强度；H_2—半导体薄片2的磁场强度；I—电流

三、光电式传感器

1. 光电开关

光电开关是光电接近开关的简称，如图5-21所示，它利用被检测物对光束的遮挡或反射，把光强度的变化转换成电信号的变化，从而检测物体的有无。

一般情况下，光电开关由3部分构成：发送器、接收器和检测电路，如图5-22所示。发送器（投光器）：由发光二极管、激光二极管等组成，对准目标发射光束，发射的光束一般来源于半导体光源。接收器（受光器）：由光电二极管或光电三极管组成，前端装有透镜和光圈等光学元件。检测电路：位于

图 5-21　光电开关

接收器的后面，它能检测出有效光信号，并转换为电气信号，进行输出。

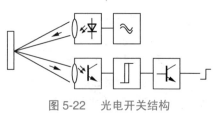

按照接收器接收光的方式的不同，光电开关可分为对射式、漫反射式和回归反射式 3 种，如图 5-23 所示。这里重点介绍前两种。

图 5-22　光电开关结构

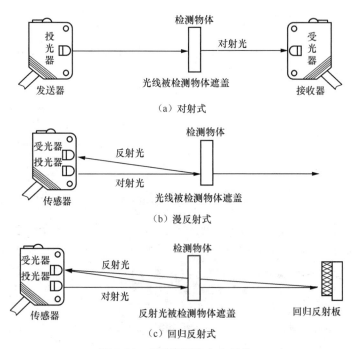

（a）对射式

（b）漫反射式

（c）回归反射式

图 5-23　3 种类型的光电开关

（1）对射式光电开关

如槽形开关，把一个发送器和一个接收器面对面地装在一个槽的两侧，如图 5-24 所示。发送器发出红外光或可见光，在无阻情况下接收器能收到光。但当被检测物体从槽中通过时，光被遮挡，光电开关便动作，输出一个开关控制信号，切断或接通负载电流，从而完成一次控制动作。如博实的模块化串联机器人中，用它来作机械臂的限位开关。

（2）漫反射式光电开关

在工作时，发送器始终发射检测光，若接近开关前方一定距离内没有物体，则没有光被反射到接收器，光

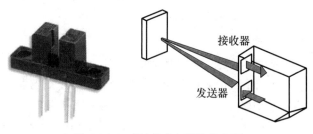

图 5-24　对射式光电开关的应用

电开关处于常态而不动作；反之，若接近开关的前方一定距离内出现物体，就产生漫反射，只要反射回来的光强度足够，接收器接收到足够的漫反射光就会使开关动作而改变输出的状态。YL-355 自动化生产线的分拣单元中使用了漫反射式光电开关。当工件进入分拣输送带时，分拣单元中光电开关发出的光线遇到工件反射回自身的光敏元件，光电开关输出信号启动输

送带运转，如图 5-25 所示。

2. 光幕

光幕是利用光电感应原理制成的。通过发射红外线，产生光幕，当光幕被遮挡时，装置发出遮光信号，控制具有潜在危险的机械设备停止工作或降低运动速度，避免发生安全事故。在现代化工厂里，人与工业机器人协同工作，可以使用光幕限定机器人的运动范围，保护作业人员安全。在汽车传动机构的装配中，沉重的齿轮箱由机器人抓取并掌握它的平衡。人机操作时为了将齿轮箱精确地插入到车厢，在靠近车厢时需要降低机

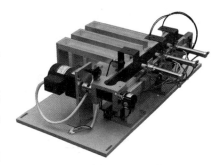

图 5-25　使用漫反射式光电
开关的分拣单元

器人的运动速度。所以在一个带有光幕的常规工作单元中，机器人在全自动模式下以常规速度操作齿轮箱，当机器人靠近光幕时便减速，使得工人能安全地抓住安全开关，利用手柄轻松地引导机器人，使齿轮箱以较高精度进入齿轮轴架。此时车厢边的光幕犹如一堵虚拟墙提供现实约束，如图 5-26 所示。

——带手爪的机器人

——光幕

——安全开关 / 手柄

——工作支承

——后轴

——激光扫描仪（隐藏）

——保护区

图 5-26　光幕在实际生产中的应用

四、超声波式传感器

1. 声呐

声呐传感器是机器人感知周围环境的主要传感器之一，具有结构简单、价格低廉、计算量低等特点。其发出声脉冲，测得回波传播时间，声音的速度 c 已知，目标距离 r 与回波传播时间 t 成正比，即

$$r = \frac{ct}{2} \tag{5-12}$$

声呐测距原理如图 5-27 所示。

声呐有 3 个不同但相关联的用途。

① 避障。第一个探测到的回波被假设为最近目标产生的回波，测量其所在的距离，机器人可利用这个信息规划路径，绕过障碍物。

微课

工业机器人的传
感系统—超声波式
传感器

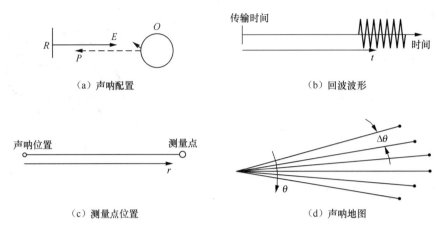

（a）声呐配置　　　　　　　　　　　　　（b）回波波形

（c）测量点位置　　　　　　　　　　　　　（d）声呐地图

图 5-27　声呐测距原理

② 测绘。通过旋转扫描或声呐阵列获得一批回波，用来创建环境地图。

③ 目标识别。一系列回波或声呐地图经处理后对产生回波的结构进行分类，这些结构包含一个或多个物理目标。

2. 声呐环

因为声呐只能检测位于波束内的目标，所以扫描整个机器人外部环境的常用办法是使用声呐阵列或者声呐环。最常用的简单测距模块环是 Denning 环，它包含 24 个声呐，等间隔放置在机器人外围。若使用 50ms 探测脉冲周期，则每隔 1.2s 才能完成一次完整的环境扫描，这对于不断移动的机器人来说太慢，没有足够的时间来防止碰撞。后来研发了高级 DSP（数字信号处理器）声呐环，可以实现快速准确的同步定位、地图构建和避障等，如图 5-28 所示。

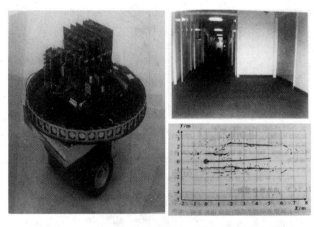

图 5-28　DSP 声呐环及其构建的室内环境地图

3. 仿生声呐

蝙蝠通过口或鼻发出声脉冲，双耳接收回波，从而判断周围情况。图 5-29 中的声呐仿效了蝙蝠的系统，有一个发射器和一对接收器。接收器模仿蝙蝠的可动耳廓进行旋转，让其轴线落到反射体上，从而增加检测回波的振幅，增大其带宽，改善目标分类能力。

用于目标分类机器人臂上的可移动声呐模仿了海豚的双耳功能。这个系统能可靠地区分一枚硬币的正反面，如图 5-30 所示。

图 5-29　中心发射器侧面与旋转接收器　　　图 5-30　安装在机器人臂末端的仿生声呐
相接的仿生结构声呐

五、距离传感器

距离传感器是一种从自身的位置获取周围世界三维结构的设备。通常它测量的是距离物体最近表面的深度。这些测量可以是穿过扫描平面的单个点，也可以是一幅在每个像素都具有深度信息的图像。距离信息可以使机器人合理地确定相对于该距离传感器的实际周围环境，从而允许机器人更有效地寻找导航路径，避开障碍物，抓取物体或在工业零件上操作。这里主要介绍基于激光的三角测量距离传感器，如图 5-31 所示。

当一束激光从 A 点位置投射到被观测物表面，产生的光点被位于另一位置的传感器接收到。已知激光和传感器的相对位置和方位，使用三角形法则就能计算被照射的表面点的三维位置了。

此外，常使用激光光带扫描观测整个景象，如障碍物或需要抓取的物体等，如图 5-32 所示。Mionlta910 是一种三角测量传感器，其测距能力达到 2m，精确度大约是 0.01mm，在 2.5s 内能测到大约 250000 个点。这种传感器广泛地应用于小块区域扫描，例如检测或零件建模，也可安装在一个固定点用于扫描机器人的工作间，从而使得一系列动作得以完成，比如零件检测、下落物的定位、小件物体传送或者零件的精确定位。但其会对眼睛有危害，使用时需要注意安全。

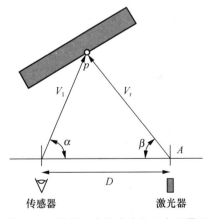

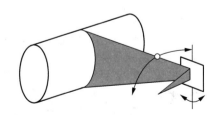

图 5-31　使用一个激光点的三角测量法　　　图 5-32　覆盖大片景象的扫频激光光带

机器人的距离传感器领域不断出现新仪器，如快闪激光雷达、多光束激光雷达、照相机自带立体成像处理器等。

【思考与练习】

接近觉传感器有哪几种？它们的工作原理是什么？

任务六　触觉传感器

【任务描述】

对于人来说，触觉是基本的感觉，人需要依赖触觉得以生存。例如拿取物体时，手指接触到物体，手指的触觉将信号反馈给大脑，大脑经过信息处理发出指令给手指，手指接收到指令后便合上，拿取物体。同样的原理在机器人上也得到了应用，这便是触觉传感器。

【任务学习】

通常，触觉传感器由感性元件的矩阵组成，每个传感元件都被看作一个触元，全部信息被称作触觉图像，这种传感器用于测量面上的应力分布如图 5-33 所示。

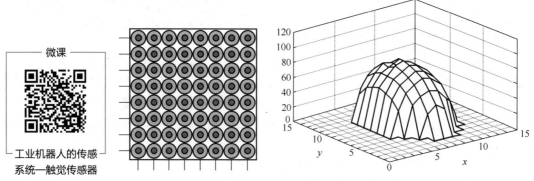

微课

工业机器人的传感
系统—触觉传感器

图 5-33　触觉传感器的结构与数据

一般来说，通过触觉传感器能获得如下信息。

① 接触：这是这类传感器能获取的最简单信息，即接触有没有发生。

② 力：每个传感元件都可给出局部所加的力的相关信息，可以以多种方式被用于高精度的连续计算。

③ 简单的几何信息：接触区域的位置、接触面的几何形状（平面、曲面等）。

④ 物体的主要几何特性：通过传感器给出适当精度的、与物体三维形状相关的数据可推断出物体的形状，如球体或圆柱体。

⑤ 机械特性：摩擦系数和刚度等，也可以测量物体的温度特性。

⑥ 滑动状况：在物体与传感器之间的有关运动。

很多技术已被用于设计触觉传感器，根据工作原理不同，最常用的触觉传感器主要有以下几种：半导体式、电磁感应式、电容式、压阻式、光电式、机械式。根据功能不同，触觉传感器可分为接触式传感器、压觉传感器、滑觉传感器。

一、接触式传感器

在自然界中，触觉是一种基本生存技能。触觉传感器对于机器人的操作、探测、响应3种行为是必不可少的，如图5-34所示。触觉感测对于操作的重要性在精细动作作业中体现得最明显。探测到的触觉信息，如硬度、热特性、摩擦力与粗糙度等有助于识别物体。通过触觉可知是否已接触到物体，若已接触到，可以控制手臂使物体处于手指中间，从而合上手指握住物体。

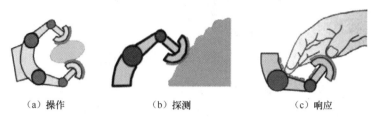

（a）操作　　　　　　（b）探测　　　　　　（c）响应

图 5-34　接触式传感器的作用

操作：可进行的操作包括抓取力控制、解除位置与运动学、稳定性评价。

探测：可探测表面纹理、摩擦和硬度、热特性、局部特性。

响应：即检测与回应外部作用所产生的接触。

许多接触式传感器只提供接触位置信息。比如 W. Provancher 设计的薄膜开关激发的接触开关阵列，它由绝缘条隔离开的柔性电路组成。当压力使其中一个柔性电路弯曲向另一个时，就检测出接触，如图5-35所示。

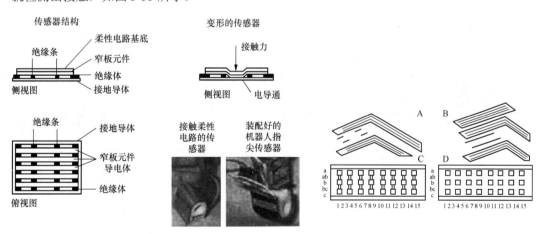

（a）简单的16×1开关阵列　　　　　　（b）嵌入到仿生皮肤里的接触开关阵列

图 5-35　采用柔性印刷电路制作的接触开关阵列

接触开关阵列工作原理如图5-36所示。在电极和柔性导体之间留有间隙，当施加外力时，受压部分的柔性导体和柔性绝缘体发生变形，利用柔性导体和电极之间的接通状态形成接触觉。开关式触觉传感器

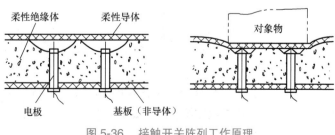

图 5-36　接触开关阵列工作原理

示例如图 5-37 所示。

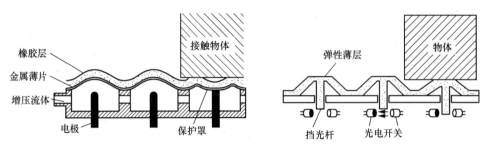

图 5-37　开关式触觉传感器的例子

图 5-38 所示为二维矩阵接触式传感器的配置方法，一般将其放在机器人手掌内侧。其中柔软导体可以使用导电橡胶、浸含导电涂料的氨基甲酸乙酯泡沫或碳素纤维等材料制作。该类接触式传感器可用于测定自身与物体的接触位置、被握物体中心位置和倾斜度，甚至还可以识别物体的大小和形状。

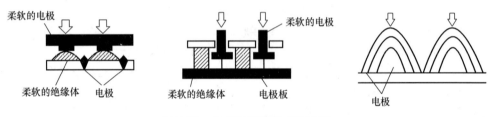

图 5-38　二维矩阵接触式传感器

二、压觉传感器

1. 电容式压感阵列

电容式压感阵列是最早且最普遍的触觉传感器类型之一，如图 5-39 所示。嵌入机器人指尖的电容式压感阵列，适用于灵巧操作。这些传感器阵列由重叠的行和列电极组成，它们被弹性电介质分开形成电容阵列。在个别交叉点处压紧行列隔板间的电介质会导致电容的变化。基于物理参量的电容表达式为

$$C = \varepsilon \frac{A}{d} \qquad (5\text{-}13)$$

式中：ε 是电容极板间电介质的介电常数；A 是极板面积；d 是两极板间的距离。压紧电容极板间电介质使极板间距 d 减小，就产生了对位移的线性响应。

图 5-39　电容式压感阵列及其应用

2. 压阻式压感阵列

压阻式压感阵列一般是采用批量模塑的导电橡胶（见图 5-40），或是采用压阻油墨测量触觉，其中油墨通常通过丝网印刷或压印方式形成图案，或是利用导电添加剂（通常是炭黑）或基于纤维，来产生导电/压阻特性，如图 5-40 所示。

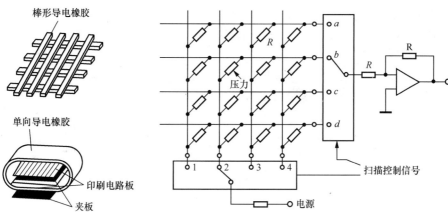

图 5-40 压阻式压感阵列

3. 微机电压感阵列

微机电（MEMS）技术对于制造高集成度封装的触觉感测有重要作用。Pietro Valdastri 研发了一种结构类似操作杆的微型 MEMS 硅基负载元件，适于嵌入弹性橡胶皮肤中，这些传感器可以分布在皮肤表面下以检测弹性皮肤中复杂的应力状态，如图 5-41 所示。

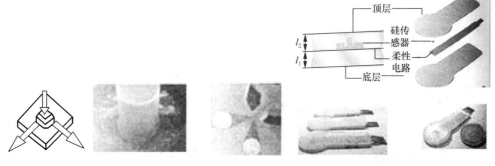

（a）MEMS 三轴触觉力传感器的显微图 　　（b）MEMS 力传感器被线粘接到柔性电路并嵌入硅橡胶皮肤中

图 5-41 MEMS 显微图及其力传感器

除了以上 3 种外，还可利用压力使橡胶变形的特点制作变形检测器，即用普通橡胶作为传感器面，用光学和电磁学等手段检测其变形量，如图 5-42 所示。和直接检测压力的方法相比，这种方法可称为间接检测法。

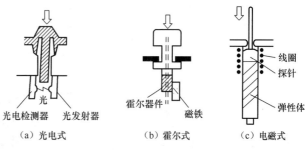

（a）光电式 　　（b）霍尔式 　　（c）电磁式

图 5-42 变形检测器

三、滑觉传感器

如果用压觉来控制握力，则滑觉用来检测滑动、修正设定的握力以防止滑动。早期基于位移的专用滑动传感器用于检测移动元件（比如夹持器表面的滚轮或针状物）的运动。如今滑觉传感器有滚轮式、球式和振动式。物体在传感器表面上滑动时，和滚轮或球相接触，把滑动变成转动，如图 5-43 所示。滑动物体引起滚轮的转动，可用磁铁和静止的磁头进行检测。

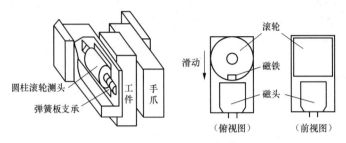

图 5-43　滚轮式滑觉传感器

也可用球代替滚轮。图 5-44 所示为球式滑觉传感器的典型结构。它由一个金属球和触针组成，金属球表面分成许多个相间排列的导电小格（图 5-44 中球面黑色部分）和绝缘小格（图 5-44 中球面白色部分）。触针头很细，每次只能触及一格。当工件滑动时，金属球也随之转动，在触针上输出脉冲信号，脉冲信号的频率反映了滑移速度，个数对应滑移的距离。

还可根据振动原理制成滑觉传感器，如图 5-45 所示。钢球指针与被抓物体接触。若工件滑动，则指针振动，线圈输出信号。

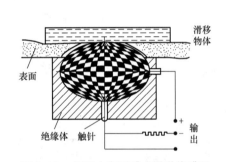

图 5-44　机器人专用球式滑觉传感器

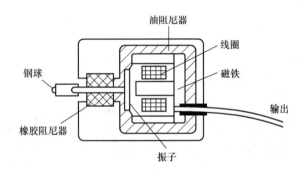

图 5-45　基于振动的机器人专用滑觉传感器

较新的方法是使用一个热传感器和一个热源，当被抓的物体开始滑动时，先前传感器下温暖的表面移开了，导致传感器下方表面的温度下降，如图 5-46 所示，进而测出物体的滑动。

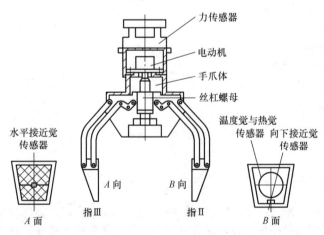

图 5-46　装有多种传感器（力传感器、温度传感器、接近觉传感器）的机械手爪

工业机器人有哪 3 种触觉传感器？它们的工作原理是什么？

任务七　力/扭矩传感器

【任务描述】

　　机器人的运动需要力的支持，但是力需要控制。就像人拿着一个纸杯喝水，如果力过大，纸杯内的水就会被挤出；但是如果力过小，摩擦力不够，则纸杯无法被拿起来。

【任务学习】

　　力觉用于控制与被测物体自重和扭矩相关的力，举起或移动物体。在螺母的旋紧、轴与孔的嵌入等装配工作中也有广泛应用。比如，使用力传感器测量载荷，由已知的负载与结构变形之间的关系，建立连杆变形的模型，增加刚性机器人的定位精度。

1. 驱动力传感器

　　对于一些驱动装置，比如伺服电动机，可以直接通过测量电动机电流来测量驱动力，即用一个检测电阻和电动机串联来测量检测电阻两端的电压降，如图 5-47 所示。但是，电动机通常是通过减速器与机器人手臂连接的，减速器的输出/输入效率为 60% 或更低，所以测量减速器输出端的扭矩通常更为准确，这时可以采用扭矩负载单元（应变片）。

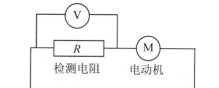

图 5-47　带有多种工具的力控制机器人

　　如果手臂和手爪用绳索或钢缆驱动，那么也可以测量绳或钢缆索张力。图 5-48 中就是一种测量张力的方式，它通过压在腱绳上的可测量应变的柔性板实现对腱绳张力的测量。当有张力作用在腱绳上时，传感器测量的力由轴向和切向分量合成。

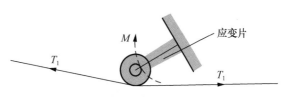

图 5-48　腱绳张力传感器

　　当驱动力传感器不能测出工具附件所施加的力或施加于工具附件上的力时，通常会采用单独的力传感器。末端执行器处的受力和扭矩可以采用压电单元来估计。这些单元产生的电压值与引入的变形量成正比。通过谨慎地布置传感器，可同时测量受力和扭矩。这种传感器用于在机器人操作中估计应力和接触，是装配系统的一部分。我们将装载末端执行器和机器人最后一个关节之间的力传感器称为腕力传感器，它能直接测出作用在末端执行器上的各向力和力矩。

　　对于一般的力控制作业，需要 6 个力分量来提供完整的接触力信息，即 3 个平移力分量和 3 个力矩。通常，力/扭矩传感器安装在机器人腕部。在这种情况中，通常假设安装在传感器与环境之间的工具（末端执行器）的重量和惯性是可以忽略的，或者是可以从力／扭矩测量中适当地补偿。但也有例外情况，比如力传感器可以安装在机器人手的指尖上，外部的力和扭矩也可以通过关节扭矩传感器对轴扭矩的测量来估计。

刚性传感器通过测量应变获得力信号，柔顺传感器通过测量变形（比如光学方式）获得力信号，图 5-49 所示分别为六轴力传感器工作原理图、SRI 腕力传感器、林纯一研制的腕力传感器和非径向中心对称的三梁腕力传感器。

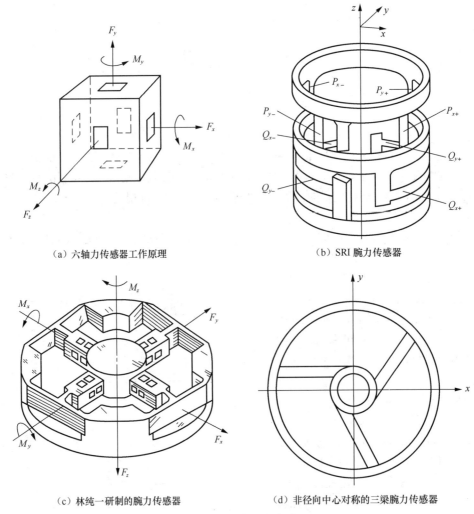

（a）六轴力传感器工作原理　　　　　　　（b）SRI 腕力传感器

（c）林纯一研制的腕力传感器　　　　　（d）非径向中心对称的三梁腕力传感器

图 5-49　各类腕力传感器

力／扭矩传感器有着各种尺寸和动态范围，包括新型的可安装在不同末端执行器上的灵活阵列传感器。

2. 加速度仪

加速度仪采用多种不同的机制把外力转换为计算机可读的信号，它对于所有外加的作用力，包括重力，都很敏感。

（1）机械式加速度仪

一个机械式加速度仪基本上是一个弹簧 - 配重 - 阻尼组成的系统，如图 5-50（a）所示。

当一个外力施加于加速度仪时，这个力作用于配重而使弹簧发生形变。假设一个理想的弹簧，它的形变正比于作用力

$$F_{作用力}=F_{内力}+F_{damping}+F_{弹簧}=m\ddot{x}+c\dot{x}+kx \tag{5-14}$$

式中，c 为阻尼系数；m 为配重质量；k 为弹簧弹性系数。

（2）压电式加速度仪

压电式加速度仪利用的原理是某些晶体的压电效应。放置一小块配重，使它只被晶体支撑，这样有外力施加于加速度仪上时，配重就压迫晶体产生一个可以测量出来的电压，如图 5-50（b）所示。

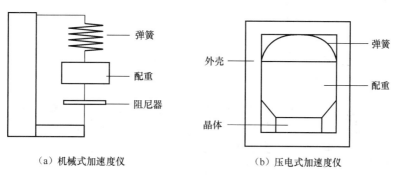

（a）机械式加速度仪   （b）压电式加速度仪

图 5-50   加速度仪

【思考与练习】

简述工业机器人两种力/扭矩传感器的工作原理以及在机器人上的应用。

任务八   视觉传感器

【任务描述】

对于人来说，很多行为都需要依靠视觉的纠正，通过视觉可识别放在眼前的物体，辨别前进的方向等各种信息，同样如果给工业机器人配上视觉的话，就可以使机器人通过预知的信息更好地执行接下来的动作。

【任务学习】

1. 机器人视觉系统结构

图像传感器是丰富的信息来源。传统的 3CCD 透视彩色相机含有 3 组电荷耦合探测器（CCD）正列，分别接收对应人眼视觉的红色、绿色和蓝色的可见光谱。更常见且较便宜的一种替代设备称为单芯片 CCD 相机。该设备采用一组空间特别排列的滤色镜，通常称为拜尔滤镜，滤镜组再进一步处理（称为去马赛克处理），以提供每一个像素点的色彩信息。

将传统透视相机与反光镜组合成反射折射光学系统，生成的图像几乎可将宽度达半球体的视野映射至单幅图像。图 5-51 为一幅反射折射图像及其映射到圆柱体表面所生成的图像。

图 5-51　反射折射图像及其映射到圆柱体表面生成的图像

机器人视觉系统一般需要处理三维图像，这不仅需要了解物体的大小、形状，还要知道物体之间的关系。因此视觉系统的硬件组成中还包括距离测定器，如图 5-52 所示。

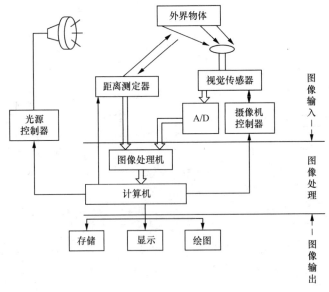

图 5-52　机器人视觉系统组成

2. 三角测量

一个景象点和它在两个相机中的成像点形成一个三角形。如果已知两个相机之间的基线距离 l 和相机发射光线形成的夹角，则到物体的距离就可以计算出来，如图 5-53 所示。

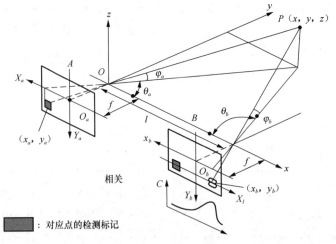

图 5-53　三角测量原理

$$x = \frac{l\cos\theta_a\sin\theta_b}{\sin(\theta_a + \theta_b)}, \ y = \frac{l\sin\theta_a\sin\theta_b}{\sin(\theta_a + \theta_b)}, \ z = \frac{y\tan\varphi_a}{\sin\theta_a}\left(或z = \frac{y\tan\varphi_b}{\sin\theta_b}\right) \quad （5-15）$$

或者

$$x = \frac{x_a l}{x_a - x_b}, \ y = \frac{fl}{x_a - x_b}, \ z = \frac{y_a l}{x_a - x_b}\left(或z = \frac{y_b l}{x_a - x_b}\right) \quad （5-16）$$

3.机器人视觉系统应用

图 5-54 所示为具有视觉焊缝对中功能的弧焊机器人的系统结构。摄像机直接安装在机器人末端执行器上。焊接过程中，摄像机对焊缝进行扫描检测，数据经过图像处理机处理，获得焊前区焊缝的截面参数曲线，计算机根据该截面参数计算出末端执行器相对焊缝中心线的偏移量 Δ，然后发出位移修正指令给控制器进行校正控制，调整伺服电动机使得末端执行器移动直到偏移量为零。具有视觉系统的弧焊机器人在焊接过程中产生的焊缝变形、装卡及传动系统的误差均可由视觉系统自动检测并加以补偿。图 5-55 所示为用视觉技术实现机器人弧焊工作焊缝的自动跟踪原理。

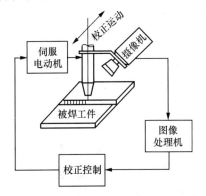

图 5-54　具有视觉焊缝对中功能的弧焊
机器人的系统结构

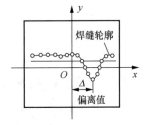

图 5-55　用视觉技术实现机器人弧焊
工作焊缝的自动跟踪原理

图 5-56 所示为一个吸尘器自动装配实验系统，由 2 台关节机器人和 7 台图像传感器组成。组装的吸尘器部件包括底盘、气泵和过滤器等，都自由堆放在右侧备料区，该区上方装设 3 台图像传感器（α、β、γ），用以分辨物料的种类和方位。机器人的前部为装配区，这里有 4 台图像传感器 A、B、C 和 D，用来对装配过程进行监控。使用这套系统装配一台吸尘器只需 2min。

图 5-57 所示为一个利用传感器引导焊接机器人工作的例子。一个二维 CCD 相机安装在机械臂上。激光器产生一个尖峰光束，基于激光传输原理，光束照射到需焊接的工

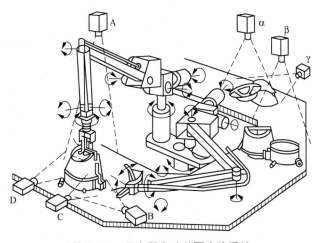

图 5-56　吸尘器自动装配实验系统

件上，相机检测到工件上的光线图片，再根据提取的光线轮廓计算出激光线位置，从而确定需要焊接的地方。

在机器人腕部配置视觉传感器，如图 5-58 所示，可用于对异形零件进行非接触式测量，这种测量方法除了能完成常规的空间几何形状、形体相对位置的检测外，如果配上超声、激光、X 射线探测装置，还可进行零件内部的缺陷探伤、表面涂层涂覆、厚度测量等作业。

图 5-59 所示为具有自主控制功能的智能机器人，可以用来完成按图装配产品的作业。两个视觉传感器作为机器人的眼睛，一个用于观察装配图纸，并通过计算机来理解图中零件的立体形状及装配关系；另一个用于从实际工作环境中识别出装配所需的零件，并对其形状、位置和姿态等进行识别。

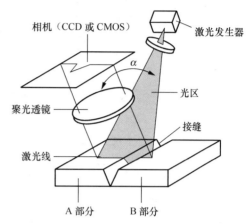

图 5-57　传感器引导焊接机器人工作

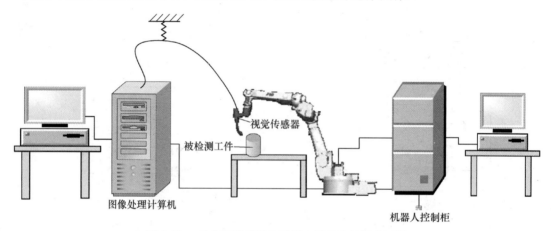

图 5-58　具有视觉系统的机器人进行非接触式测量

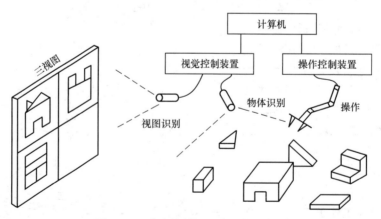

图 5-59　自主控制机器人工作示意图

如果一个承运装置或盒子的方向是随机的，那么机器人必须正确定位零件，才能够正确抓取。这在工业机器人"挑战杯"竞赛里称为"从箱中取零件"（见图 5-60）。自 20 世纪

80 年代中期以来，这个问题被许多研究者探讨过。即使已经提出了许多方法，但成本效益标准的解决方案尚未形成。据高工产研机器人研究所（GG Ⅱ）数据显示，2016 年我国机器视觉行业规模达到 69.4 亿元，同比增长 13.4%，约占全球市场 15% 的份额。预计到 2020 年，我国机器视觉行业市场规模将超过 120 亿元，预计未来很多机器人将配有标准的嵌入力矩传感器和视觉传感器，这是制造业将先进的视觉系统用于识别物体和定位的先决条件之一。

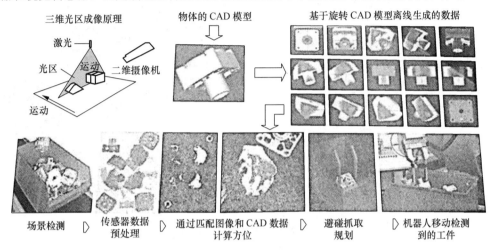

图 5-60　机器人从箱中取零件

　　一种确定随机对象位置的方法是通过使用对象的计算机辅助设计（CAD）数据实现的，这些数据起始于与三维传感器产生的一个场景点云交互。CAD 模型在离线计算中转成了具有离散空间角度的 CAD 模型。特征直方图将角度数据（所有的空间角度通常每步在 10°）生成每个视点的特征图，并存储在数据库中。数据特征与仿真集合最佳的匹配方法可以决定物体的位置，从而选择无冲突轨迹。一个典型的定位过程周期在 1 ～ 2s。

　　一个最佳的匹配过程与实际的特征直方图进行比较，以确定对象位置，这些直方图具有数据库中存储的仿真直方图集合。在确定了对象的位置之后，抓取被选定物并沿无碰撞的轨迹离开时，箱子底部的残余工件可能限制机器人的操作和离开轨迹。

【思考与练习】

　　1. 简述视觉传感器三角测量的原理。
　　2. 机器人视觉系统有哪些应用？

任务九　各类传感器组合使用

【任务描述】

　　人在做出某一行为时，需要多种感官协同作用。还是以喝水为例，眼睛的视觉给出水杯的位置，手指的触觉用来端起杯子。同样，如果给机器人配备多种传感器，协同作用，会使其执行的动作更为有效。

【任务学习】

传感器组合使用更有效。视觉传感器处理数据时相对较慢，但是却能直接给出一个柔性物体末端位置；角速度传感器测量位置时因两次积分计算会产生测量值偏移，但能以高采样率给出同样点的信息。若将视觉传感器与角速度传感器的数据相融合，则可以提高监测精度和速度。

现在有一套精确可靠的传感器可用于测量柔性关节的电动机位置 θ、关节转矩 τ 以及连杆位置 q。例如，DLR LWR-Ⅲ轻质量机械臂每个关节上的传感器布置如图 5-61 所示，其中 DLR 机器人驱动装置中的位置传感器是一种霍尔传感器，用于测量电动机位置，带有数字接口的力矩传感器是基于应变传感器的，同时连杆位置传感器是一种高端电容式传感器，用于测量连杆位置。

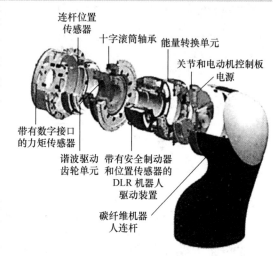

图 5-61　DLR LWR-Ⅲ轻量型机械手及其传感器组件爆炸图

【思考与练习】

工业机器人组合使用多种传感器的优点有哪些？

项目总结

本项目首先介绍了工业机器人传感器的不同类型，包括内部传感器和外部传感器，其中内部传感器帮助机器人了解自身状态，外部传感器检测机器人所处环境、外部物体状态、机器人和外部物体间的关系；然后介绍了传感器的性能指标，包括灵敏度、线性度、测量范围、精度、重复性、分辨率等，在选择工业机器人传感器时，需要综合考虑传感器的各项技术参数；接着介绍了传感器的不同类型及应用，包括位置传感器、角速度传感器、接近觉传感器、触觉传感器等；最后简要介绍了各类传感器的综合应用。项目五的技能图谱如图 5-62 所示。

图 5-62　项目五的技能图谱

项目习题

1. 能感受外部物理量（如温度、湿度、位移）变化的是传感器的（　　）。

A. 传感元件　　　　B. 敏感元件　　　C. 信号调节转换电路　　　D. 计算机

2. 下列（　　）可以获取工件的颜色信息。

A. 电容式接近开关　　　　　　　B. 超声波传感器

C. 视觉传感器　　　　　　　　　D. 激光传感器

3. 按其采集信息的位置，传感器可分为_____和_____。

4. 传感器的工作过程：通过对某一_____敏感的元件感受到被测量，然后将该信号按一定规律转换成便于利用的_____信号再输出。

5. 力传感器使用的主要元件是_____。

6. 简述工业机器人内部传感器和外部传感器的区别。

7. 简述传感器的性能指标。

8. 什么是 SRI 传感器？简述它的工作原理。

项目六
工业机器人控制部分

项目引入

　　控制器是工业机器人的"大脑"和"心脏"。它的功能决定了工业机器人的功能和技术水平。和传统的控制系统相比，工业机器人的控制系统要更为复杂。控制系统除了要完成对工业机器人自身运动的控制外，还要完成工业机器人与外围设备的协调控制。

　　本项目的学习内容就是机器人的控制部分，包括控制系统的功能、特点、组成、数字化实现、控制方式以及示教控制坐标系等。

知识图谱

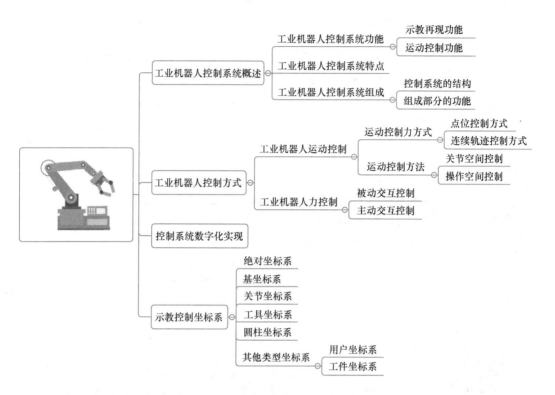

工业机器人通过对驱动系统的控制，使执行机构按照规定的要求进行工作。工业机器人的控制系统一般由控制计算机和伺服控制器组成，工业机器人的控制柜如图 6-1 所示。控制计算机不仅发出指令，协调各关节驱动器之间的运动，同时要完成编程、进行示教再现，并要在其他环境状态（传感器信息）、工艺要求下，在外部相关设备（如电焊机）之间传递信息和进行协调工作。伺服控制器控制各个关节的驱动器，使各杆按一定的速度、加速度和位置要求进行运动。

（a）机器人本体控制柜

（b）机器人系统集成控制柜

图 6-1　工业机器人的控制柜

任务一　工业机器人控制系统概述

【任务描述】

人的行为动作由大脑支配控制，工业机器人的"大脑"就是它的控制系统，本任务就来学习机器人控制系统的功能、特点，并了解控制系统的组成。

【任务学习】

一、工业机器人控制系统功能

如果说工业机器人本体是其"肢体"，那么控制器就是工业机器人的"大脑"和"心脏"，它是决定机器人功能和水平的关键部分，也是机器人系统中更新和发展最快的部分。它通过各种控制电路硬件和软件的结合来操纵机器人，并协调机器人与周边设备的关系。工业机器人控制系统的主要功能如图 6-2 所示，通常包括示教再现和运动控制两方面。

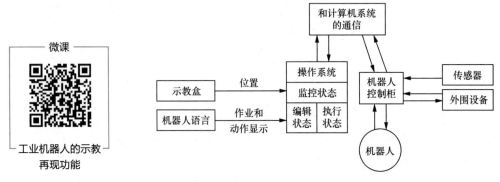

图 6-2　机器人控制系统的功能

1. 示教再现功能

操作人员先通过示教器或利用示教手柄引导末端执行器进行示教，将动作顺序、运动速度、位置等信息用一定的方法预先教给工业机器人，比如利用传感器检测出工业机器人各关节处的坐标值，控制系统将操作过程自动记录在存储器中，当需要再现操作时，重放存储器中存储的内容即可。

或者操作人员把作业程序内容编制成程序，输入到记忆装置中，在外部给出启动命令后，机器人从记忆装置中读出信息并传送到控制装置，发出控制信号，由驱动机构控制机械手的运动，在一定精度范围内按照记忆装置中的内容完成给定的动作。实质上，工业机器人与一般自动化机械的最大区别就是它具有"示教再现"功能，因而表现出灵活的"柔性"特点。

对喷漆机器人、电弧焊机器人等工业机器人进行连续轨迹控制的示教时，一旦开始示教，就不能中途停止，且不能进行局部修正。而对工业机器人进行点位控制时，可以分步编程，且能进行局部修正。

2.运动控制功能

工业机器人的运动控制功能是指通过控制各关节的运动，实现对末端执行器的位姿、速度、加速度等项目的控制。其一般分为两步进行：第一步，生成关节运动伺服指令；第二步，跟踪执行关节运动伺服指令。

二、工业机器人控制系统特点

微课

工业机器人控制系统的组成及特点

工业机器人的各个关节的运动是独立的，为了实现末端点的运动轨迹，需要多关节的运动协调，这与普通的控制系统相比要复杂得多。

工业机器人控制系统的特点如下。

① 工业机器人的控制与机构运动学及动力学密切相关。

② 工业机器人的控制系统是一个多变量控制系统。

③ 工业机器人控制系统必须是一个计算机控制系统。

④ 控制机器人仅利用位置闭环是不够的，还要利用速度闭环甚至加速度闭环。

⑤ 工业机器人的控制需要根据传感器和模式识别的方法获得对象及环境的工况，按照给定的指标要求，自动地选择最佳的控制规律。

三、工业机器人控制系统组成

工业机器人的控制系统相当于人脑，它的任务是根据机器人的作业指令程序以及从传感器反馈回来的信号，支配机器人的执行机构完成规定的运动和功能。若工业机器人不具备信息反馈特征，则为开环控制系统；若具备信息反馈特征，则为闭环控制系统。一般安装在执行部件中的位置检测元件（如光电编码器）和速度检测单元（如测速电机），可将检测量反馈到控制器中用于闭环控制。

控制系统可以分为两大部分：一部分是对其自身运动的控制；另一部分是工业机器人与周边设备的协调控制。如图6-3所示，控制系统还包含了低层次的外围接口与高层次的工厂接口。

工业机器人的控制系统结构分为人机界面部分与运动控制部分，如图6-4所示。相应于人机界面的功能有显示、通信等，而相应于运动控制的功能是运动演算、伺服控制、输入/输出控制（PLC功能）、外部轴控制、传感器控制等。

人机界面是使操作人员参与机器人控制并与机器人进行联系的装置。它除了包括一般的计算机键盘、鼠标、显示器、报警器外，通常还包括手持控制器（示教器），通过手持控制器（示教器）可以对机器人进行控制和示范操作。

示教器可由操作者手持移动，使操作者能够方便地接近工作环境进行示教编程，如图6-5所示。它的主要工作部分是操作键和显示屏。实际操作时，示教器控制电路的主要功能是对操作键进行扫描并将按键信息送至控制器，同时将控制器产生的各种信息显示在显示屏上。因此，示教器实质上是一个专用的智能终端。

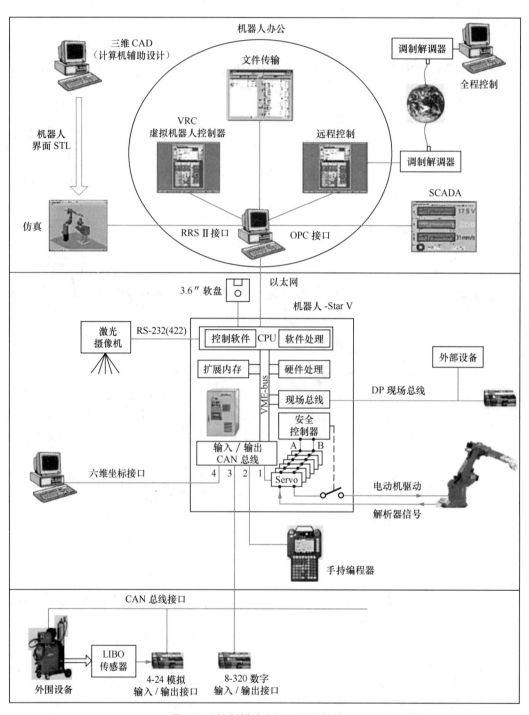

图 6-3　控制模块和不同层次的接口

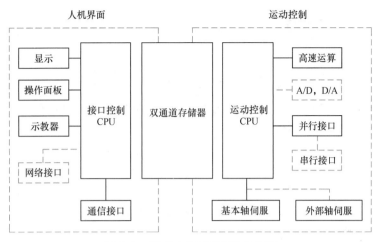

图 6-4　机器人控制系统结构框图

工业机器人控制系统中的控制器包括主控计算机和关节伺服控制器，如图 6-6 所示。主控计算机主要根据作业要求完成编程，并发出指令控制各伺服驱动装置使各杆件协调工作，同时还要完成环境状况、周边设备之间的信息传递和协调工作，一般由一台微型或小型计算机及相应的接口组成。关节伺服控制器主要是根据主控计算机的指令，按作业任务的要求驱动各关节运动，包括实现驱动单元的伺服控制、轨迹插补计算以及系统状态监测。

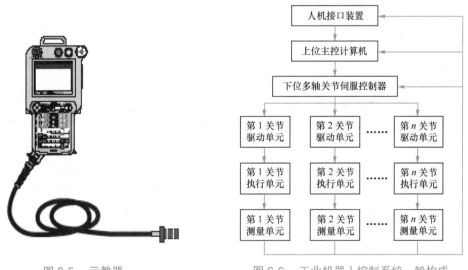

图 6-5　示教器　　　　　　　图 6-6　工业机器人控制系统一般构成

控制系统的软件部分主要是指控制软件，它包括运动轨迹规划算法和关节伺服控制算法与相应的动作程序。控制软件算法或程序可以用任何语言来编制，但由通用语言模块化而编制形成的专用工业语言越来越成为工业机器人控制软件算法或程序的主流。

【思考与练习】

1. 工业机器人的两种主要功能是什么？
2. 工业机器人控制系统的特点有哪些？
3. 简述工业机器人控制系统的组成，以及各组成部分的功能。

任务二　工业机器人控制方式

　　工业机器人的控制方式主要有运动控制、力（力矩）控制和智能控制。

一、工业机器人运动控制

　　对于工业机器人的运动控制，尤其在刚性机械臂的运动控制问题中，主要的挑战在于动力学和不确定性带来的复杂性。

　　工业机器人的运动控制系统相当于人的大脑，它指挥机器人的动作，并协调机器人与生产系统之间的关系。机器人的工作顺序、应达到的位置、动作时间间隔、运动速度等都是在控制系统指挥下，通过每一运动部件沿（或绕）各坐标轴的动作来实现的。为了使工业机器人完成各种作业、实现各种功能，需要采用各种合适的运动控制系统。

1. 运动控制方式

　　根据作业任务的不同，工业机器人的运动控制方式可分为点位控制方式和连续轨迹控制方式，如图 6-7 所示。

　　（1）点位控制方式（PTP）

　　点位控制方式也叫点对点控制，即在关节空间里指定一个固定的参数设置，目标是使关节的变量能保持在期望的位置，不受转矩扰动的影响。这种控制方式的特点是只控制工业机器人末端执行器在作业空间中某些规定的离散点上的位姿，即只关心机器人末端

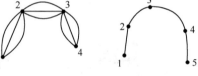

　　（a）点位控制　　　　（b）连续轨迹控制

图 6-7　点位控制与连续轨迹控制

执行器的起点和终点位置，而不关心这两点之间的运动轨迹。因此在用手把手示教编程实现 PTP 控制时，它只记录轨迹程序移动的两端点位置。这种控制方式的主要技术指标是定位精度和运动所需的时间。由于其控制方式具有易于实现、过程定位精度要求不高的特点，因而当只需要机械臂从一个位置移动到另一个位置，对这两点间的运动过程的精度没有特别高的要求时，可以由点位控制完成控制任务。该控制方式常被应用在无障碍条件下的上下料、搬运、点焊和在电路上安插元件等只要求目标点处保持末端执行器位姿准确的作业中。

　　PTP 运动控制系统结构包括 5 个部分：机械执行机构、机械传动机构、动力部件、控制器、位置测量器。其中机械执行机构有焊接机器人的机械手、数控加工机床的工作台等；机械传动机构包括各种类型的减速器、丝杠螺母副；动力部件包括各种交直流电动机、步进电动机、压电陶瓷、磁滞伸缩材料；控制器一般采用全数字控制式交直流伺服系统。

　　点位控制技术的应用领域之一是点焊机器人，它主要完成对于钢板类众多焊点的自动焊接，由于焊点直径较小且数量众多，因此对点位移动的精度有非常高的要求。图 6-8 所示的汽车车身自动装配车间现在普遍推广点焊机器人。点焊机器人中采用的点位控制技术集成了工业机器人控制技术、机器人动力学及仿真、机器人构建有限元分析、模块化程序设计、智能测量、建模加工一体化、工厂自动化以及精细物流等先进制造技术，这种综合性技术是人

工的最好替代方式。

点位控制技术运用的另外一个领域是点胶技术，即将理想大小的微量流体，比如焊剂、导电环氧树脂或黏结剂等点在工件芯片、电子元器件等的合适位置上，以实现元器件之间机械或电气的可靠连接，这对于点位移动的精度有了近乎苛刻的要求。图 6-9 所示的自动化点胶组装系统中运用了精细点位控制技术，确保点位移动目标准确。

图 6-8　汽车车身自动装配车间

图 6-9　自动化点胶组装系统

（2）连续轨迹控制方式（CP）

控制机器人时经常会遇到一些数据的编辑问题，如连接 A、B 两点时要实现图 6-10 所示的轨迹。

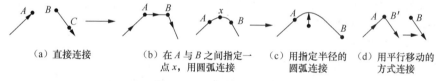

（a）直接连接　　（b）在 A 与 B 之间指定一　（c）用指定半径的　（d）用平行移动的
　　　　　　　　　点 x，用圆弧连接　　　圆弧连接　　　　方式连接

图 6-10　连接两点的轨迹

这时就需要用到连续轨迹控制方式，该控制方式不仅要求机器人以一定的精度达到目标点，而且对移动轨迹也有一定的精度要求，如机器人喷漆操作。因此该控制方式的特点是连续地控制工业机器人末端执行器在作业空间中的位姿，要求其严格按照预定的轨迹和速度在一定的精度范围内运动，而且速度可控，轨迹光滑，运动平稳，以完成作业任务。在进行连续轨迹控制时，与期望的轨迹有关的关节速度和加速度应该分别不超过其机械臂的速度和加速度的极限。这种控制方式的主要技术指标是工业机器人末端执行器操作位姿的轨迹跟踪精度及平稳性。通常弧焊、激光切割、去毛边和检测作业机器人都采用这种控制方式。

实际上机器人的连续轨迹控制的实现是以点位控制为基础的，通过在相邻两点之间采用满足精度要求的直线插补或圆弧插补运算即可实现轨迹的连续化，如图 6-11 所示。

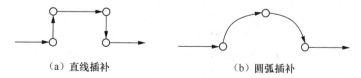

（a）直线插补　　　　　　　　（b）圆弧插补

图 6-11　插补方式

直线插补：机器人从当前示教点到下一个示教点运行一段直线，常被用于直线焊缝的焊接作业示教。

圆弧插补：机器人沿着用圆弧插补示教的 3 个示教点执行圆弧轨迹移动，常被用于环形焊缝的焊接作业示教。

如图 6-12 所示，机器人在再现状态时，从控制柜存储器中逐点取出轨迹示教点位姿态坐标值，通过对其进行直线插补或圆弧插补运算，生成相应路径规划，然后把各插补点的位姿值通过运动学逆解运算转换成关节坐标值，分送各个关节，由计算机（伺服单元）负责伺服电动机的臂环控制及实现所有关节的动作协调。它在接受主计算机送来的各关节下一步期望达到的位姿后，又做一次均匀细分，以求运动轨迹更为平滑，然后将各关节下一步的期望值逐点送给驱动电动机，同时检测光电码盘信号，直到其准确到位。

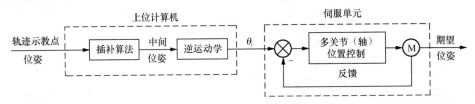

图 6-12　焊接机器人的轨迹插补与位置控制

2. 运动控制方法

在运动控制问题中，机械臂移动到一个位置拿到一个物体，将其运送到另一个位置并放下，这样一个任务可以是任何一个更高级别操作任务，如喷漆或点焊的一部分。

任务通常是以在任务空间中末端执行器期望的轨迹来指定的，而控制操作是在关节空间进行的，以达到期望的目标。这自然而然地引出了两种一般的控制方法，即关节空间控制和操作空间控制（任务空间控制）。

（1）关节空间控制

广义的关节空间控制指对机械臂的设置，如图 6-13 所示。

关节空间控制的主要目标是设计一种反馈控制器，它使关节坐标系尽可能精确地跟踪期望运动。为此，考虑关节空间中一个机械臂（具有几个自由度）的控制，控制输入为各关节的转矩。当使用者以末端执行器的坐标系定义一个运动时，有必要了解以下方法。

图 6-14 所示为关节空间控制方法的示意图。首先，通过末端执行器坐标系描述的期望运动被转化为对应的关节运动轨迹，这一过程是通过运用机械臂的逆运动学方程实现的。然后，反馈控制器通过测量机械臂当前的关节状态，确定需要的关节转矩大小，使机械臂沿着关节坐标系所定义的期望轨迹移动。

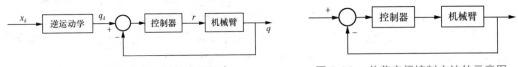

图 6-13　关节空间控制的广义概念　　　　图 6-14　关节空间控制方法的示意图

由于通常会假定期望的任务是按关节运动的时间顺序给出的，所以关节空间控制的方案在机械臂执行任务时就已经精确计划过，并且很少或者不需要再进行在线轨迹调整也就足够了。典型地，逆运动学被应用于计算一些中间任务点，并且关节的运动轨迹可以进行中间插补。尽管指令轨迹是在末端执行器坐标系插入点之间的直线运动，但最终的关节运动轨迹是由插入点中符合期望的末端执行器运动轨迹的曲线部分组成的。

关节空间控制包括比例微分（PD）控制、比例积分微分（PID）控制、逆动力学控制、李雅普诺夫控制和被动控制等。

（2）操作空间控制

在更加复杂和确定性较小的环境中，末端执行器的运动会服从在线修正以适应不可预期的情况或是对传感器输入进行响应。这类控制问题存在于生产制造过程的各个任务中，尤其是当需要考虑机械臂与工作环境的交互作用时。

由于期望任务通常会在操作空间中定义，并且需要对末端操作器的运动进行精确控制，因此关节空间控制在上述情况下并不适合，可直接根据操作空间中表示的动力学给出控制方案。

操作空间控制的主要目标是设计一种反馈控制器，它可以执行末端执行器的运动，该运动会尽可能准确地跟踪期望的末端执行器运动。

图 6-15 给出了操作空间控制方法的示意图。该方法有不少优点，操作空间控制器采用了一个反馈控制闭环，可以最大程度地减小任务误差。由于控制算法嵌入了速度级的正运动学公式，因此不需

图 6-15　操作空间控制方法的示意图

要精确的逆运动学计算。这样，点与点之间的运动就可以表示为任务空间的直线线段。

二、工业机器人力控制

处理好机器人与周围环境之间的接触是成功完成作业任务的一个基本要求。比如对于执行擦玻璃、转动曲柄、拧螺钉、研磨、打毛刺、装配零件等作业的机器人，其末端执行器与环境之间存在力的作用，且环境中的各种因素不确定，此时仅使用轨迹控制不能满足要求。执行这些任务时，必须让机器人末端执行器沿着预定的轨迹运动，同时提供必要的力。纯运动控制被证明是难以胜任的，这是因为不可避免的建模误差和不确定性可能引起接触力增大，并最终导致相互作用过程中的不稳定现象，特别是在刚性环境的场合中。机器人系统在弱机构化环境中要实现鲁棒和通用的行为，并能够像有人在现场操作

微课

工业机器人的
力控制

一样安全、可靠，力控制是不可或缺的。在过去 40 年，为机器人系统提供增强的感知能力的需求很大，人们期待具有力、触觉、距离和视觉反馈的机器人，能在不同于典型工业车间场合的非结构化环境中自主操作。在这种广泛的关注下，机器人力控制的研究得到了很大发展。

根据作业任务要求的不同，工业机器人的控制方式需要达到的要求不同，比如喷漆、焊接、搬运使用的末端机器人，一般只要求末端执行器（喷枪、焊枪、手爪等）沿着某一预定轨迹运动，运动过程中不与外界接触；而对于另一类机器人来说，除了精确定位以外，还要控制末端执行器的作用力与力矩，否则接触力过大或者过小都会引起损伤或者误差。

许多实际的作业需要机器人末端执行器操作一个对象或在某个表面上执行一些操作，如工业生产中的打磨、去毛刺、机加工或装配等。为了成功完成这些作业，控制机器人与周围环境的物理接触是非常关键的。若在与环境交互的作业中采用运动控制的方法，则只有作业被精确地规划时才能成功执行。这需要机器人操作手（运动学）和环境（几何和机械特性）的精确模型。一个具有足够精度的机械手模型容易得到，但想要得到对环境的详细描述却是非常困难的。此外规划误差可能引起接触力和力矩的增大，导致末端执行器偏离期望轨迹。另外，控制系统做出反应来减小这种偏离。这最终使接触力逐渐增强直到关节驱动器达到饱和或零件在接触部位发生破裂。如果在相互过程中保证柔顺行为，可以克服这个缺陷。柔顺行为可以以被动或主动方式实现。

1. 被动交互控制

在被动交互控制中，由于机器人固有的柔顺，机器人末端执行器的轨迹被相互作用力

所修正。柔顺可能来自于连杆、关节和末端执行器的结构性柔顺，或位置伺服系统的柔顺。具有弹性关节或连杆的柔性机器人手臂就是为了与人安全交互专门设计的。在工业应用中一种具有被动柔顺的机械装置已被广泛采用，它就是被称为远中心柔顺（Remote Center Compliance，RCC）的装置。RCC 是一个安装在刚性机器人上的柔顺末端执行器，专门为轴孔装配操作所设计和优化。

如图 6-16 所示，该手腕的水平浮动机构由中空固定件、钢珠和弹簧构成，实现了在两个方向上的浮动；摆动浮动机构由上、下部浮动件和弹簧构成，实现了两个方向的摆动。

在插入装配中工件局部被卡住时，将会受到阻力，促使柔顺手腕起作用，给手爪一个微小的修正量，使工件顺利插入，如图 6-17 所示。

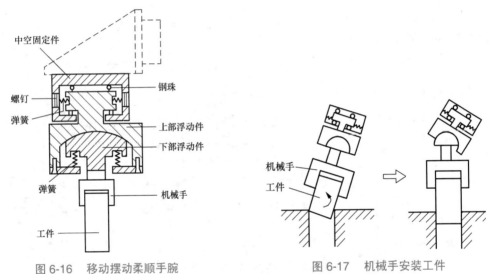

图 6-16　移动摆动柔顺手腕　　　　　图 6-17　机械手安装工件

被动交互控制不需要力/扭矩传感器，并且预设的末端执行器轨迹在执行期间也不改变。此外，被动柔顺结构的响应远快于利用计算机控制算法实现的主动重定位。但是，由于需要对每个机器人作业都设计和安装专用的柔顺末端执行器，因此在工业应用中使用被动柔顺就缺乏灵活性。它只能处理程序设定轨迹上小的位置偏离和姿态偏离。由于没有力的测量，它也不能确保很大的接触力永远不会出现。

2. 主动交互控制

在主动交互控制中，机器人系统的柔顺主要通过特意设计的控制系统来获得。这种方法通常需要测量接触力和力矩，将它们反馈到控制器中用于修正甚至在线生成机器人末端执行器的期望轨迹。

主动交互控制可以克服前面提到的被动交互控制缺陷，但是它通常更慢、更昂贵、更复杂。要获得合理的作业执行速度和抗干扰能力，主动交互控制需要与一定程度的被动柔顺联合使用。从定义中可以看出，反馈只能在运动误差和力误差发生后才能产生，因此需要被动柔顺的保护，使反作用力低于一个可以接受的阈值。

【思考与练习】

1. 工业机器人运动控制方式的定义与作用是什么？

2.每种控制方式的原理与实现方式是什么？

3.试说明每种控制方式机器人的应用领域。

任务三　控制系统数字化实现

【任务描述】

本任务的主要内容是工业机器人控制系统的数字化实现。

【任务学习】

当控制器在计算机控制系统中完成数据读取时，其读取的是模拟输入，输出为一个特定采样周期下的输出。由于采样会在控制闭环中引入时间延迟，因此这是其与模拟实现相比的不足之处。图 6-18 展示了控制系统的数字化实现的总框图。

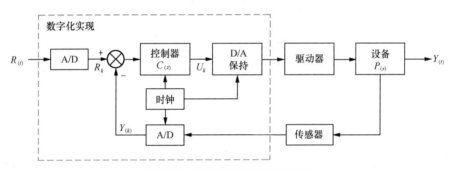

图 6-18　控制系统的数字化实现

工业机器人通过现场总线或者以太网进行网络连接，可更好地实现控制、配置和维护。多机器人能通过一个控制器实时编程和协调同步，这使得机器人可以在单个工作空间精确地协同工作。

PUMA-562 机器人控制器原理框图如图 6-19 所示，除 I/O 设备和伺服电动机外，其余各部件均安装在控制柜内。PUMA-562 机器人控制器为多 CPU 两级控制结构，上位计算机配有64KB RAM 内存、2 块串口接口板、1 块 I/O 并行接口板、1 块与下位计算机通信的 A 接口板。上位计算机系统采用 Q-Bus 总线作为系统总线。

与上位计算机连接的 I/O 设备有 CRT 显示器和键盘、示教盒、软盘驱动器，通过串口接口板还可接入视觉传感器、高层监控计算机、实时路径修正控制计算机。

A、B 接口板是上位计算机和下位计算机通信的桥梁。上位计算机经过 A、B 接口向下位计算机发送命令并读取下位计算机信息。A 接口板插在上位计算机的 Q-Bus 总线上，B 接口板插在下位计算机的 J-Bus 总线上。

PUMA-562 的下位计算机控制系统框图如图 6-20 所示。其主要采用单板机控制各个关节的电动机，采用编码器实现反馈控制。

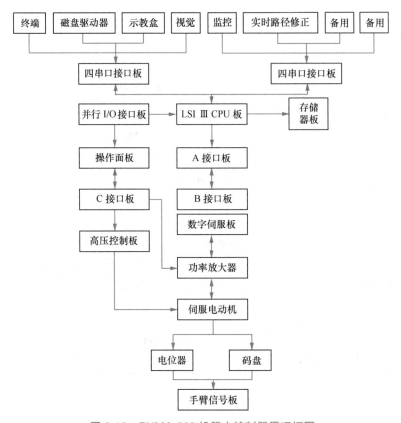

图 6-19 PUMA-562 机器人控制器原理框图

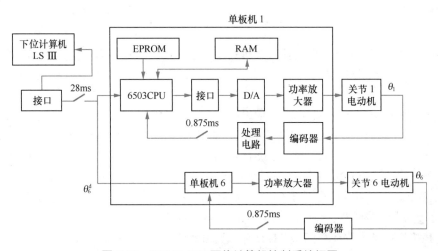

图 6-20 PUMA-562 下位计算机控制系统框图

【思考与练习】

1. 画出工业机器人控制系统数字化实现的控制框图。

2. 画出 PUMA-562 的控制原理图及下位计算机控制框图。

任务四　示教控制坐标系

【任务描述】

　　工业机器人进行示教操作时，其运动方式是在不同的坐标系下体现的。不同公司生产的机器人采用不同的坐标系进行示教。

【任务学习】

　　对安川工业机器人进行轴操作时，可以使用直角坐标系、关节坐标系、圆柱坐标系、工具坐标系、用户坐标系等，如图 6-21 所示。ABB 公司的工业机器人使用用户坐标系、大地坐标系、工件坐标系和基坐标系。电装公司的工业机器人使用直角坐标系。

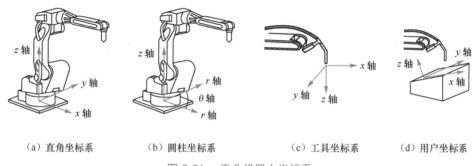

（a）直角坐标系　　　（b）圆柱坐标系　　　（c）工具坐标系　　　（d）用户坐标系

图 6-21　工业机器人坐标系

　　下面将详细地介绍绝对坐标系、基坐标系、关节坐标系、工具坐标系、圆柱坐标系、用户坐标系和工件坐标系等。

1. 绝对坐标系

　　在 ABB 机器人中，绝对坐标系又被称为世界坐标系（大地坐标系），此时绝对坐标系可选择共享大地坐标系取而代之，该坐标系为直角坐标系，如图 6-23 Ⓐ所示。

2. 基坐标系

　　ABB 机器人将基座坐标系称为基坐标系（Base Coordinates），如图 6-22 Ⓒ所示，它是机器人示教和编程时经常使用的坐标系之一。一般该坐标系为直角坐标系，其原点位于工业机器人的基座上，若基座是固定、静止的，该坐标系又称为固定坐标系。在该坐标系中，不管机器人处于什么位置，机器人 TCP（工具中心点）均可沿设定的 x 轴、y 轴及 z

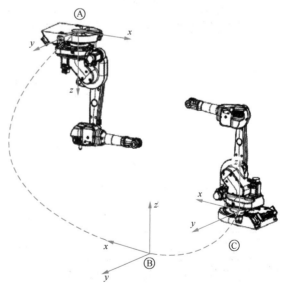

图 6-22　ABB 公司机器人的部分坐标系

Ⓐ—绝对坐标系；Ⓑ—大地坐标系；Ⓒ—基坐标系

轴平移。原点 O_1：由机器人制造厂规定；z_1 轴：垂直于机器人基座安装面，指向其机械结构方向；x_1 轴：正方向由原点开始指向机器人工作空间中心点在基座安装面上的投影 C_w，如图 6-23 所示。以 ABB 机器人为例，假如，有两个机器人，一个安装于地面，一个倒置，则倒置机器人的基坐标系也将上下颠倒。由于机器人的构造不能实现上述关于坐标轴方向的规定，x_1 轴的方向可由制造厂规定。

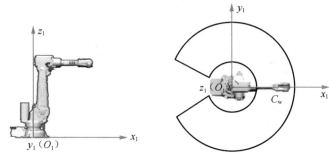

当安川工业机器人的示教器上设定为直角坐标系时，机器人控制点沿 x、y、z 轴平行移动，如图 6-24 所示。

图 6-23　工业机器人基坐标系

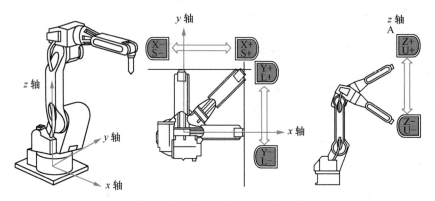

图 6-24　安川工业机器人在直角坐标系控制下的运动

按住轴操作键时，各轴的动作可参考表 6-1。

表 6-1　　　　　　　　　　　　　直角坐标系的轴操作键与轴动作

轴名称		轴操作键	动作
基本轴	x轴	[X-/S-]　[X+/S+]	沿x轴平行移动
	y轴	[Y-/L-]　[Y+/L+]	沿y轴平行移动
	z轴	[Z-/U-]　[Z+/U+]	沿z轴平行移动

3. 关节坐标系

关节坐标系用来描述机器人每一个独立关节的运动。对于大范围运动，且对机器人 TCP 姿态不要求时可选择关节坐标系，如图 6-25 所示。

当安川工业机器人的示教器上设定为关节坐标系时，机器人的 S、L、U、R、B、T 各轴分别运动，如图 6-26 所示。

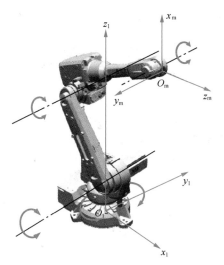

图 6-25　机器人各关节坐标系

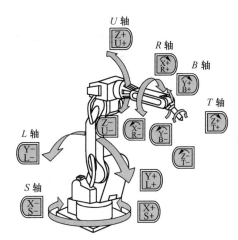

图 6-26　安川工业机器人在关节坐标系下的运动

按轴操作键时各轴的动作情况见表 6-2。

表 6-2　　　　　　　　　　　　　关节坐标系的轴操作键与轴动作

轴名称		轴操作键		动作
基本轴	S轴	X−/S−	X＋/S＋	本体左右回旋
	L轴	Y−/L−	Y＋/L＋	下臂前后运动
	U轴	Z−/U−	Z＋/U＋	上臂上下运动
腕部轴	R轴	X−/R−	X＋/R＋	上臂带手腕回旋
	B轴	Y−/B−	Y＋/B＋	手腕上下运动
	T轴	Z−/T−	Z＋/T＋	手臂回旋

关节坐标系无法实现只改变工具姿态而不改变 TCP 位置即控制点不动作，如图 6-27 所示，这在其他坐标系中均可实现。

4. 工具坐标系

工具坐标系（TCS）位于工业机器人末端执行器，如图 6-28（a）所示，其原点及方向均随着末端位置与角度不断变化。该坐标系可由基础坐标系通过旋转及位移变化而来。原点 O_t：一般是 TCP，当末端执行器为夹钳式时，该坐标系的原点位于夹钳之间，但是日本安川工业机器人工具坐标系把原点定义在 TCP，如图 6-28（b）所示。z_t 轴：与工具相关，通常是工具的指向，日本安川工业机器人工具坐标系把机器人腕部法兰盘所持工具的有效方向作为 z_t 轴。y_t 轴：当末端执行器是直线的或平面的夹持类型时，y_t 轴是手指运

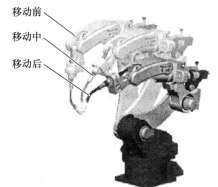

图 6-27　机器人末端执行器位置不变及姿态改变

动的方向。因此，工具坐标的方向随腕部的
移动而发生变化，与机器人的位置、姿态无关。
当微动控制机器人时，如果不想在移动时改
变工具姿态（例如移动锯条时不使其弯曲），
则工具坐标系就显得非常有用。

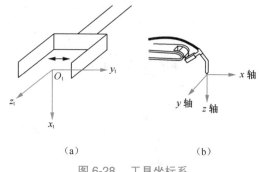

（a）　　　　　　　　　　（b）

图 6-28　工具坐标系

5. 圆柱坐标系

圆柱坐标系的原点与直角坐标系的原点
相同，θ 轴方向为本体 S 轴的转动方向，L' 轴
沿 UA 轴臂和 FA 轴臂轴线的投影方向运动，
z 轴运动方向与直角坐标系完全相同。圆柱坐标系的操作与直角坐标系类似。设定为圆柱坐
标系时，机器人 TCP 以本体 RT 轴为中心做回旋运动，或与 z 轴成直角平行移动。

当安川工业机器人的示教器上设定为圆柱坐标系时，机器人控制点以本体 S 轴为中心回
旋运动，或与 z 轴成直角平行移动，如图 6-29 所示。

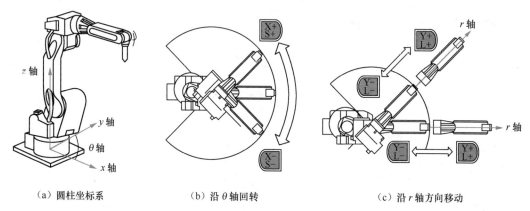

（a）圆柱坐标系　　　　　（b）沿 θ 轴回转　　　　　（c）沿 r 轴方向移动

图 6-29　安川工业机器人在圆柱坐标系下的运动

按轴操作键时各轴的动作情况见表 6-3。

表 6-3　　　　　　　　　　　　　圆柱坐标系的轴操作键与轴动作

轴名称		轴操作键		动作
基本轴	θ轴	X−S−	X+S+	本体绕 S 轴回旋
	r轴	Y−L−	Y+L+	垂直于 z 轴移动
	z轴	Z−U−	Z+U+	沿 z 轴平行移动

6. 其他类型坐标系

（1）用户坐标系

用户坐标系即用户自定义坐标系，该坐标系通过基坐标系沿轴向偏转角度变化而来，安
川 NX100 机器人能沿所指定的用户坐标系各轴平行移动。如图 6-30 所示，将工作台的一角确
定为用户坐标系原点，根据基坐标系确定各轴方向，因此该用户坐标系又被称为"工作台坐
标系"。

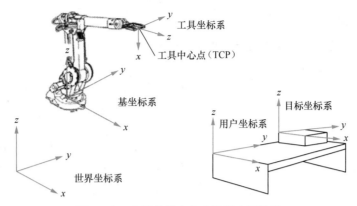

图 6-30　安川机器人定义的用户坐标系

在安川工业机器人离线编程软件中，定义坐标轴方向上的 3 个点，即可实现用户坐标系的定义。这 3 个点分别为 OO、OX 与 OY，如图 6-31 所示。

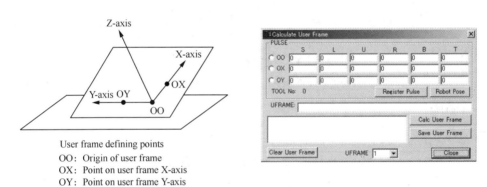

图 6-31　在安川机器人仿真软件中设定用户坐标系

（2）工件坐标系

工件坐标系是对机器人操作对象的位姿描述。如图 6-32 所示，放置工件的轴心即为该坐标系的原点。搬运机器人将工件搬运到指定位置时，工具坐标系与目标坐标系重合。假如计划确定一系列孔的位置，以便沿着工件边缘钻孔，或者计划在工件箱的两面隔板之间焊接时，可采用工件坐标系。

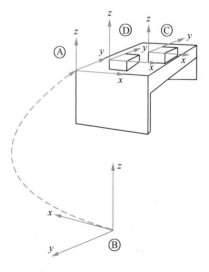

为了方便编程，给第一个工件建立了一个工件坐标系Ⓓ，并在这个工件坐标系Ⓓ中进行轨迹编程。如果台面上还有一个一样的工件需要走一样的轨迹，那么只需要建立一个工件坐标系Ⓒ，将工件坐标系Ⓓ中的轨迹复制一份，然后将工件坐标系Ⓓ更新为Ⓒ，从而无须对一样的工件进行重复轨迹编程。

在用户坐标系下，机器人末端轨迹沿用户自定义的坐标轴方向运动。当机器人配备多个工作台时，使用用户坐标系能使示教操作更为简单。

图 6-32　ABB 机器人的坐标系定义
Ⓐ—用户坐标系；Ⓑ—大地坐标系；
Ⓒ、Ⓓ—工件坐标系

【思考与练习】

什么是工业机器人坐标系？其有哪些分类？

项目总结

本项目首先介绍了控制系统的主要功能，即示教再现功能和运动控制功能；然后介绍了工业机器人控制系统的特点，与传统的控制系统相比，工业机器人的控制系统更为复杂；接着介绍了工业机器人控制系统的结构和功能，并以 PUMA-562 机器人控制器为例，介绍了控制系统数字化实现的方法；随之又介绍了工业机器人的控制方式；最后介绍了示教控制的坐标系等内容。项目六技能图谱如图 6-33 所示。

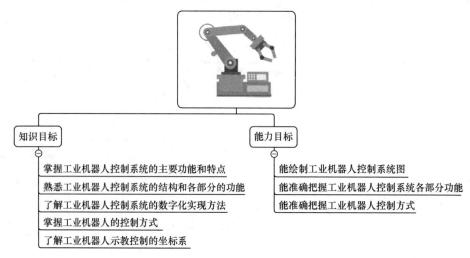

图 6-33　项目六技能图谱

项目习题

1. 工业机器人的控制系统可以分为两大部分：一部分是对_____的控制；另一部分是工业机器人与_____控制。

2. 简述工业机器人控制系统的特点。

3. 工业机器人控制系统的主要功能有哪些？写出其主要功能的定义。

4. 根据作业任务的不同，工业机器人的控制方式可以分为哪几类？

5. 工业机器人运动控制中 PTP 表示_____，CP 表示_____。

6. 电动机控制系统由_____、_____、_____、_____、控制器与被控的机械系统组成。

7. 阐述工业机器人控制系统中的硬件和软件分别是什么。

8. 写出图 6-32 中各坐标系的名称。

运动高级篇

项目七
工业机器人运动学基础

项目引入

　　工业机器人运动学涉及一些数学方面的知识，运用数学语言来描述机器人的运动，即将工业机器人的位置、姿态、各关节间的相对位置关系用数学关系式来表达，其中涉及齐次坐标变换以及D-H建模。齐次坐标变换为视觉处理、三维图像识别、计算机辅助设计等方面提供了有效的工具，D-H建模为机器人的正、逆运动学计算提供了有效的方法。

　　本项目的内容是机器人运动学的基础知识，包括工业机器人的轴、坐标系、位姿描述、坐标变换、D-H建模等。

知识图谱

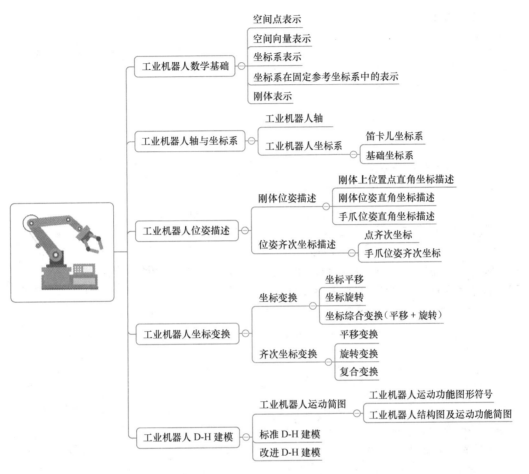

机器人运动学研究的是机器人的工作空间与关节空间之间的映射关系，以及机器人的运动学模型（Model），包括正（Forward）运动学和逆（Inverse）运动学两部分内容。工业机器人的操作与编程涉及机械手各关节和坐标系之间的关系、各物体之间的关系以及物体与机械手之间的关系，所有这些关系可以用齐次坐标变换来描述。齐次坐标变换不仅能解决机器人位置与姿态的描述问题，而且在视觉处理、三维图像识别和计算机辅助设计等方面也是有效工具。

任务一 工业机器人数学基础

【任务描述】

为了描述机器人末端执行器位置和姿态与关节空间变量之间的关系，通常需要以数学形式对机器人的运动进行分析研究。

【任务学习】

矩阵常用来表示空间点、空间向量及坐标系平移、旋转和变换，还可以表示坐标系中的物体和其他运动元件。

一、空间点表示

如图 7-1 所示，空间点 P 在空间中的位置，可以用它相对于参考坐标系的 3 个坐标（a_x，b_y，c_z）来表示。其中，a_x，b_y，c_z 是参考坐标系中该点的坐标。显然，也可以用其他坐标来表示空间点的位置。

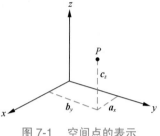

图 7-1   空间点的表示

二、空间向量表示

向量可以由 3 个起始和终止的坐标来表示。如果一个向量起始于点 A，终止于点 B，那么它可以表示为

$$P_{AB}=(B_x-A_x)\boldsymbol{i}+(B_y-A_y)\boldsymbol{j}+(B_z-A_z)\boldsymbol{k} \tag{7-1}$$

特殊情况下，如果一个向量起始于原点（见图 7-2），则有

$$P=a_x\boldsymbol{i}+b_y\boldsymbol{j}+c_z\boldsymbol{k} \tag{7-2}$$

其中，a_x、b_y、c_z 是该向量在参考坐标系中的 3 个分量。实际上，前面的点 P 就是用连接到该点的向量来表示的，具体地说，也就是用该向量的 3 个坐标来表示。

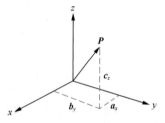

图 7-2   空间向量的表示

向量的 3 个分量也可以写成矩阵的形式，如式（7-3）所示。在本书中将用这种形式来表示运动分量：

$$P = \begin{bmatrix} a_x \\ b_y \\ c_z \end{bmatrix} \tag{7-3}$$

这种表示法也可以稍做变化，加入一个比例因子 w，如果 x、y、z 各除以 w，得到 a_x、b_y、c_z，则其中 $a_x=\dfrac{x}{w}$，$b_y=\dfrac{y}{w}$，$c_z=\dfrac{z}{w}$，于是，这时向量可以写为

$$P = \begin{bmatrix} x \\ y \\ z \\ w \end{bmatrix} \tag{7-4}$$

变量 w 可以为任意数，而且随着它的变化，向量的大小也会发生变化，这与在计算机图形学中缩放一张图片十分类似。随着 w 值的改变，向量的大小也相应地变化。如果 $w>1$，则向量的所有分量都变大；如果 $w<1$，则向量的所有分量都变小。这种方法也用于计算机图形学中改变图形与画片的大小。

如果 w 是 1，则各分量的大小保持不变。但是，如果 $w=0$，则 a_x、b_y、c_z 为无穷大。在这种情况下，x、y 和 z（以及 a_x、b_y、c_z）表示一个长度为无穷大的向量，它的方向即为该向量所表示的方向。这就意味着方向向量可以由比例因子 $w=0$ 的向量来表示，这里向量的长度并不重要，而其方向由该向量的 3 个分量来表示。

三、坐标系表示

一个中心位于参考坐标系原点的坐标系由 3 个向量表示，通常这 3 个向量相互垂直，称为单位向量 $\boldsymbol{n}$、$\boldsymbol{o}$、$\boldsymbol{a}$，分别表示法线（Normal）、指向（Orientation）和接近（Approach）向量，如图 7-3 所示。如前所述，每一个单位向量都由它们所在参考坐标系的 3 个分量表示。这样，坐标系 {F} 可以由 3 个向量以矩阵的形式表示为

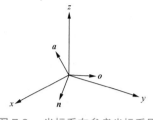

图 7-3　坐标系在参考坐标系原点的表示

$$F = \begin{bmatrix} n_x & o_x & a_x \\ n_y & o_y & a_y \\ n_z & o_z & a_z \end{bmatrix} \tag{7-5}$$

四、坐标系在固定参考坐标系中的表示

如果一个坐标系不在固定参考坐标系的原点（实际上也可包括在原点的情况），那么该坐标系的原点相对于参考坐标系的位置也必须表示出来。为此，在该坐标系原点与参考坐标系原点之间做一个向量来表示该坐标系的位置，如图 7-4 所示。这个向量由相对于参考坐标系的 3 个向量来表示。这样，这个坐标系就可以由 3 个表示方向的单位向量以及第 4 个位置向量来表示。

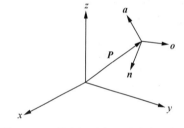

图 7-4　一个坐标系在固定参考坐标系中的表示

如式（7-6）所示，前 3 个向量是 $w = 0$ 的方向向量，表示该坐标系的 3 个单位向量 $\boldsymbol{n}$、$\boldsymbol{o}$、$\boldsymbol{a}$ 的方向，而第 4 个 $w=1$ 的向量表示该坐标系原点相对于参考坐标系的位置。与单位向量不同，向量 $\boldsymbol{P}$ 的长度十分重要，因而使用比例因子为 1。坐标系也可以由一个没有比例因子的 3×4 矩阵表示，但不常用。

$$F = \begin{bmatrix} n_x & o_x & a_x & p_x \\ n_y & o_y & a_y & p_y \\ n_z & o_z & a_z & p_z \\ 0 & 0 & 0 & 1 \end{bmatrix} \tag{7-6}$$

五、刚体表示

在外力作用下，物体的形状和大小（尺寸）保持不变，而且内部各部分相对位置保持恒定（没有形变），这种理想物理模型称之为刚体。刚体的特性如下。

① 刚体上任意两点的连线在平动中是平行且相等的。

② 刚体上任意质元的位置向量不同，相差一恒向量，但各质元的位移、速度和加速度却相同。因此，常用"刚体的质心"来研究刚体的平动。

一个物体在空间的表示可以这样实现：通过在它上面固连一个坐标系，再将该固连的坐标系在空间表示出来。由于这个坐标系一直固连在该物体上，所以该物体相对于坐标系的位姿是已知的。因此，只要这个坐标系可以在空间表示出来，那么这个物体相对于固定坐标系的位姿也就已知了，如图 7-5 所示。如前所述，空间坐标系可以用矩阵表示，其中坐标原点

以及相对于参考坐标系的、表示该坐标系姿态的 3 个向量
也可以由该矩阵表示出来。于是有

$$F_{object} = \begin{bmatrix} n_x & o_x & a_x & p_x \\ n_y & o_y & a_y & p_y \\ n_z & o_z & a_z & p_z \\ 0 & 0 & 0 & 1 \end{bmatrix} \qquad (7\text{-}7)$$

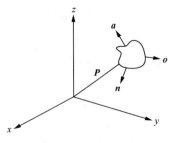

图 7-5　空间物体的表示

空间中的一个点只有 3 个自由度，它只能沿 3 条参考
坐标轴移动。但空间中的一个刚体有 6 个自由度，也就是说，它不仅可以沿着 x、y、z 3 个轴
移动，而且还可绕这 3 个轴转动。因此，要全面地定义空间以物体，需要用 6 条独立的信息
来描述物体原点在参考坐标系中相对于 3 个参考坐标轴的位置，以及物体关于这 3 个坐标轴
的姿态。式（7-7）给出了 12 条信息，其中 9 条为姿态信息，3 条为位置信息（排除矩阵中
最后一行的比例因子，因为它们没有附加信息）。显然，在该表达式中必定存在一定的约束条
件将上述信息数限制为 6。因此，需要用 6 个约束方程将 12 条信息减少到 6 条信息。这些约
束条件来自于目前尚未利用的已知的坐标系特性，即：3 个向量 n、o、a 相互垂直；每个单
位向量的长度必须为 1。

我们可以将其转换为以下 6 个约束方程：

$$\begin{cases} n \cdot o = 0 \\ n \cdot a = 0 \\ a \cdot o = 0 \\ |n| = 1 \text{（向量的长度必须为1）} \\ |o| = 1 \\ |a| = 1 \end{cases} \qquad (7\text{-}8)$$

因此，只有前述方程成立时，坐标系的值才能用矩阵表示。否则，坐标系将不正确。式
（7-8）中前 3 个方程可以换用如下的 3 个向量的叉积来代替：

$$n \times o = a \qquad (7\text{-}9)$$

【思考与练习】

写出空间点、空间向量、坐标系、刚体的数学表示形式。

任务二　工业机器人轴与坐标系

【任务描述】

工业机器人是由一个个关节连接起来的多刚体，每个关节均有伺服驱动单元，每个
单元的运动都会影响工业机器人末端执行器的位置与姿态。为了分析与描述工业机器人

的运动情况，研究各关节运动对工业机器人位置与姿态的影响，需要用标准语言来描述工业机器人在工作空间中的位姿，而坐标系就是该标准语言。

【任务学习】

一、工业机器人轴

表 7-1 为某型工业机器人的本体标准规格参数，其中动作范围、最大速度、容许力矩和容许惯性矩都是按照轴给出的。轴是机器人控制、运动学和动力学的中心对象。

表 7-1　　　　　　　　　　　　　　某型工业机器人本体标准规格参数

	名称	MOTOMAN-MA1400
	式样	YR-MA01400-A00
	构造	垂直多关节型（6自由度）
	负载	3kg
	重复定位精度[①]	±0.08mm
动作范围	S轴（旋转）	±170°
	L轴（下臂）	+155°～-175°
	U轴（上臂）	+190°～-175°
	R轴（手腕旋转）	±150°
	B轴（手腕摆动）	+180°～-45°
	T轴（手腕回转）	±200°
最大速度	S轴（旋转）	3.84rad/s，220°/s
	L轴（下臂）	3.48rad/s，200°/s
	U轴（上臂）	3.84rad/s，220°/s
	R轴（手腕旋转）	7.16rad/s，410°/s
	B轴（手腕摆动）	7.16rad/s，410°/s
	T轴（手腕回转）	10.65rad/s，610°/s
容许力矩	R轴（手腕旋转）	8.8N·m
	B轴（手腕摆动）	8.8N·m
	T轴（手腕回转）	2.9N·m
容许惯性矩（$GD^2/4$）	R轴（手腕旋转）	0.27kg·m²
	B轴（手腕摆动）	0.27kg·m²
	T轴（手腕回转）	0.03kg·m²
	本体质量	130kg
安装环境	温度	0～+45℃
	湿度	20%～80%RH（无结露）
	振动	4.9m/s²以下

续表

其他	远离腐蚀性气体或液体； 远离易燃气体； 远离水、油和粉尘； 远离电气噪声源
电源容量②	1.5kV · A

注：本表以国际单位制（SI）记载单位。

① 符合《工业机器人操纵性能标准和相关的试验方法》（JIS B 8432）标准；

② 因用途、动作模式不同而不同。

以安川 **MA1400** 型号六自由度焊接机器人为例，如图 7-6 所示，从紧靠基座安装面开始将机器人各轴取名为 *S* 轴、*L* 轴、*U* 轴、*R* 轴、*B* 轴与 *T* 轴。若轴由数字来定义，则紧靠基座安装面的第 1 个运动轴称为轴 1，第 2 个运动轴称为轴 2，依此类推。

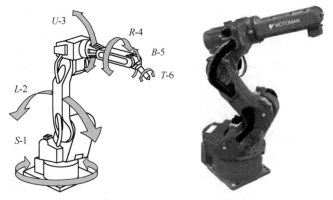

图 7-6　安川 MA1400 机器人的轴

二、工业机器人坐标系

1. 笛卡儿坐标系

三维笛卡儿坐标系是在二维笛卡儿坐标系的基础上根据右手定则增加第三维坐标（即 *z* 轴）而形成的，是直角坐标系和斜角坐标系的统称。在《机器人与机器人装备 词汇》（GB/T 12643—2013）中，直角坐标系的定义可由正交的右手定则来确定，根据该准则，在三维空间中决定了 *x* 轴、*y* 轴、*z* 轴的正方向以及绕任一坐标轴的正旋转方向。如图 7-7 所示，拇指指向 *x* 轴的正方向，食指指向 *y* 轴的正方向，中指所指示的方向即为 *z* 轴的正方向。如果需要确定轴的正旋转方向，用右手大拇指指向轴的正方向，弯曲手指，则手指所指示的方向即为轴的正旋转方向。

（1）世界坐标系：世界坐标系是系统的绝对坐标系，在没有建立用户坐标系之前，机器人上所有点的坐标都是以该坐标系的原点来确定各自位置的。

（2）工具坐标系：工具坐标系是一个直角坐标系，原点位于工具上。

（3）基坐标系：基坐标系位于机器人基座。它是最

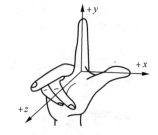

图 7-7　利用右手定则定义直角坐标系

便于机器人从一个位置移动到另一个位置的坐标系。

（4）工件坐标系：工件坐标系与工件相关，通常是最适于对机器人进行编程的坐标系。

（5）用户坐标系：用户坐标系在表示持有其他坐标系的设备（如工件）时非常有用。

其他增加的坐标系：如工作台坐标系、法兰坐标系。

2.基础坐标系

基础坐标系通常固连到机器人基座上，又称全局参考坐标系或绝对坐标系，是一种通用坐标系，是其他坐标系的基础，如图 7-8 所示。原点 O_0：由用户根据需要来确定；z_0 轴：与重力加速度向量共线，但其方向相反；x_0 轴：方向由用户根据需要确定。

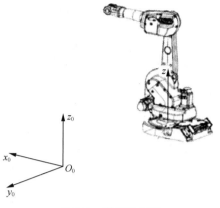

图 7-8　基础坐标系

【思考与练习】

1. 工业机器人轴的命名标准是什么？
2. 工业机器人坐标系的建立标准是什么？

任务三　工业机器人位姿描述

【任务描述】

在工业机器人运动时，我们需要知道工业机器人的位姿是如何描述的，这也是工业机器人运动轨迹规划的前提之一。

【任务学习】

一、刚体位姿描述

在机器人末端执行器上建立笛卡儿坐标系即为工具坐标系，该坐标系原点在基础坐标系中的位置可用来表示机器人的位置，工具坐标系在基础坐标系下的投影（即方向余弦）可用来表示机器人的姿态。

1.刚体上位置点直角坐标描述

刚体上位置点的直角坐标描述如图 7-9 所示。

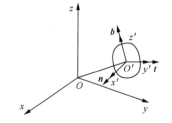

图 7-9　刚体上位置点的直角坐标描述

在笛卡儿直角坐标系 $\{A\}$ 中，空间任一点 P 的位置可用 3×1 的位置向量 $^A\boldsymbol{P}$ 表示：

$$^A\boldsymbol{P}=\begin{pmatrix} p_x \\ p_y \\ p_z \end{pmatrix} \qquad (7\text{-}10)$$

p_x，p_y，p_z 表示在直角坐标系 {A} 中，点 P 的 3 个坐标分量。^AP 上标 A 代表选定的参考坐标系 {A}。

2. 刚体位姿直角坐标描述

工业机器人的机构可以看成一个由一系列连接的连杆组成的多刚体系统。在三维空间中，若给定了刚体上某一点的位置和刚体的姿态，则这个刚体在空间中的位姿也就确定了。

如图 7-10 所示，设 O_B 为刚体 B 上任意一点，{A} 为参考坐标系，O_B 点在参考坐标系中的坐标可用一个列向量表示为

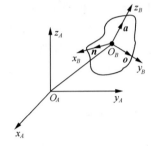

图 7-10　刚体的直角坐标描述

$$O_B = \begin{bmatrix} x_B & y_B & z_B \end{bmatrix}^T \tag{7-11}$$

刚体 B 的方位可由某个固接于此物体的坐标系 {B} 的 3 个单位主向量 $[x_B\, y_B\, z_B]$ 相对于参考坐标系 {A} 的方向余弦组成的 3×3 矩阵描述，该矩阵称为旋转矩阵。

$$^A_B\mathbf{R} = \begin{bmatrix} ^A_B\mathbf{x} & ^A_B\mathbf{y} & ^A_B\mathbf{z} \end{bmatrix} \tag{7-12}$$

上标 A 表示参考坐标系 {A}，下标 B 表示被描述的坐标系 {B}。

旋转矩阵是研究机器人运动姿态的基础，它反映了刚体的定点旋转。坐标系 {B} 可以看成是坐标系 {A} 平移和绕原点 O_A 旋转而成的。

经常用到的 3 个基本旋转变换矩阵，分别是绕 x 轴、y 轴、z 轴旋转 θ 角得到的，表示如下：

$$\mathbf{R}(x,\theta) = \begin{bmatrix} 1 & 0 & 0 \\ 0 & \cos\theta & -\sin\theta \\ 0 & \sin\theta & \cos\theta \end{bmatrix} \tag{7-13}$$

$$\mathbf{R}(y,\theta) = \begin{bmatrix} \cos\theta & 0 & \sin\theta \\ 0 & 1 & 0 \\ -\sin\theta & 0 & \cos\theta \end{bmatrix} \tag{7-14}$$

$$\mathbf{R}(z,\theta) = \begin{bmatrix} \cos\theta & -\sin\theta & 0 \\ \sin\theta & \cos\theta & 0 \\ 0 & 0 & 1 \end{bmatrix} \tag{7-15}$$

3. 手爪位姿直角坐标描述

为了描述手爪的位置和姿态，与手爪固接的坐标系称为手爪坐标系 {B}，如图 7-11 所示。

设夹钳中心点为原点，接近物体的方向为 z_B 轴，此方向上的向量称接近向量 $\mathbf{a}$（关节轴方向的单位向量）；两夹钳的连线方向为 y_B 轴，此方向上的向量称方位向量 $\mathbf{o}$（手指连线方向的单位向量）；然后根据右手法则确定 x_B 轴，此方向上的向量称法向单位向量 $\mathbf{n}$。

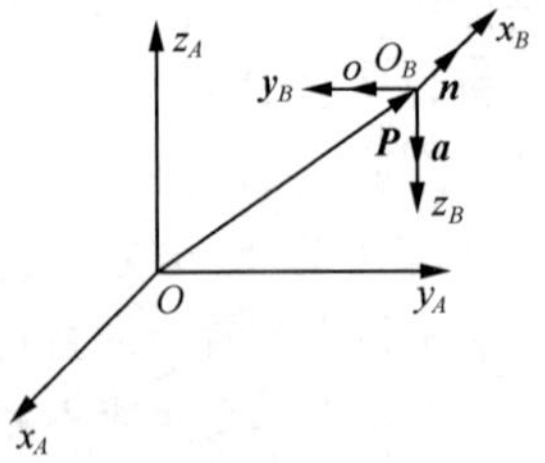

图 7-11　手爪位姿的直角坐标描述

手爪的位置由其坐标系的原点规定：

$$O_B = \mathbf{P} = \begin{bmatrix} p_x & p_y & p_z \end{bmatrix}^T \tag{7-16}$$

手爪的姿态方位用 3 个单位正交列向量 $\boldsymbol{n}$、$\boldsymbol{o}$、$\boldsymbol{a}$ 描述：

$$_B^A\boldsymbol{R}=[\ \boldsymbol{n}\ \ \boldsymbol{o}\ \ \boldsymbol{a}\ ]=\begin{bmatrix} n_x & o_x & a_x \\ n_y & o_y & a_y \\ n_z & o_z & a_z \end{bmatrix} \tag{7-17}$$

二、位姿齐次坐标描述

1. 点齐次坐标

三维空间直角坐标系 {A} 中点 P 的齐次坐标由 4 个数组成的 4×1 列阵表示：

$$\boldsymbol{P}=\begin{pmatrix} x \\ y \\ z \\ w \end{pmatrix} \tag{7-18}$$

式中：$w \neq 0$。

$\boldsymbol{x}$、$\boldsymbol{y}$、$\boldsymbol{z}$、$\boldsymbol{w}$ 这 4 个数与 p_x、p_y、p_z 的关系是

$$\boldsymbol{x}=wp_x,\quad \boldsymbol{y}=wp_y,\quad \boldsymbol{z}=wp_z \tag{7-19}$$

故

$$\boldsymbol{P}=\begin{pmatrix} p_x \\ p_y \\ p_z \\ 1 \end{pmatrix}=\begin{pmatrix} ^A\boldsymbol{P} \\ 1 \end{pmatrix} \tag{7-20}$$

点 P 的齐次坐标可由位置向量 $^A\boldsymbol{P}$ 及第 4 个分量 1 组成。

由以上公式可知：

①齐次坐标的表示不唯一，$w \neq 0$ 时，式（7-19）与式（7-20）都表示三维空间中的同一个点；

②当 $w \neq 0$ 时，齐次坐标才能确定三维空间中唯一的点，$\boldsymbol{P}=(0\ 0\ 0\ 0)^{\mathrm{T}}$ 代表坐标原点 O。

如图 7-12 所示，空间中某一物块的向量 $\boldsymbol{Q}$ 可用 5 个点描述，则该物块位姿的描述为

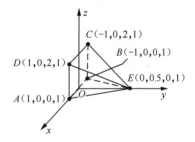

图 7-12　物块的初始位姿

$$\boldsymbol{Q}=\begin{bmatrix} 1 & -1 & -1 & 1 & 0 \\ 0 & 0 & 0 & 0 & 2.5 \\ 0 & 0 & 2 & 2 & 0 \\ 1 & 1 & 1 & 1 & 1 \end{bmatrix} \tag{7-21}$$

③当 $w=0$ 时，$\boldsymbol{P}=(0\ 0\ 0\ 0)^{\mathrm{T}}$ 没有意义。$\boldsymbol{P}=(a\ b\ c\ 0)^{\mathrm{T}}$（其中 $a^2+b^2+c^2 \neq 0$）表示空间的无穷远点。可用 O_x 轴上的无穷远点 $(1\ 0\ 0\ 0)^{\mathrm{T}}$ 表示 x 轴的方向，用 O_y 轴上的无穷远点 $(0\ 1\ 0\ 0)^{\mathrm{T}}$ 表示 y 轴的方向，用 O_z 轴上的无穷远点 $(0\ 0\ 1\ 0)^{\mathrm{T}}$ 表示 z 轴的方向。

由以上两段内容可知，当 $w \neq 0$ 时，齐次坐标表示点的位置；当 $w=0$ 且 $a^2+b^2+c^2 \neq 0$ 时，其表示向量的方向。

【例 7-1】在图 7-13 中，坐标原点的向量为 $O=(0\ 0\ 0\ 1)^{\mathrm{T}}$。

向量 v 的方向用齐次坐标表示：$v=(a\ b\ c\ 0)^{\mathrm{T}}$，其中 $a=\cos\alpha$，$b=\cos\beta$，$c=\cos\gamma$。

当 $\alpha=60°$，$\beta=60°$，$\gamma=45°$ 时，$v=(0.5\ 0.5\ 0.707\ 0)^{\mathrm{T}}$。

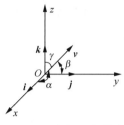

图 7-13　矢量 v 的描述

2. 手爪位姿齐次坐标

由手爪的直角坐标可知，手爪的位姿由手爪坐标系 $\{B\}$ 的原点及旋转矩阵来描述。齐次坐标可描述向量方向及点的位置，所以手爪的位姿可由矩阵表示为

$$T=[\ n\ \ o\ \ a\ \ p\ ]=\begin{bmatrix} n_x & o_x & a_x & p_x \\ n_y & o_y & a_y & p_y \\ n_z & o_z & a_z & p_z \\ 0 & 0 & 0 & 1 \end{bmatrix} \tag{7-22}$$

【思考与练习】

简述刚体位姿描述及位姿齐次坐标表述的数学实现。

任务四　工业机器人坐标变换

【任务描述】

在工业机器人运动时，我们需要知道工业机器人的坐标是如何变换的，这是工业机器人运动轨迹规划的另一前提。

【任务学习】

一、坐标变换

1. 坐标平移

如果一坐标系（它也可能表示一个物体）在空间以不变的姿态运动，那么该坐标就是纯平移。在这种情况下，它的方向单位向量保持同一方向不变。所有的改变只是坐标系原点相对于参考坐标系的变化，如图 7-14 所示。相对于固定参考坐标系的新的坐标系的位置可以用原来坐标系的原点位置向量加上表示位移的向量求得。若用矩阵形式，新坐标系的表示可以通过坐标系左乘变换矩阵得到。由于在纯平移中方向向量不改变，因此变换矩阵 T 可以简单地表示为

$$T=\begin{bmatrix} 1 & 0 & 0 & d_x \\ 0 & 1 & 0 & d_y \\ 0 & 0 & 1 & d_z \\ 0 & 0 & 0 & 1 \end{bmatrix} \tag{7-23}$$

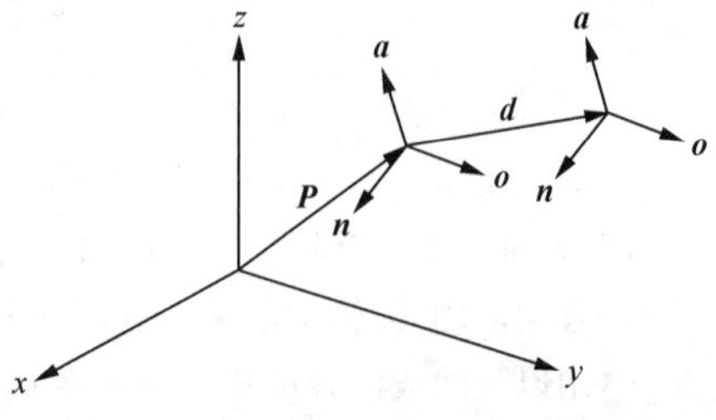

图 7-14　空间纯平移变换的表示

其中，d_x，d_y，d_z 是纯平移向量 $\boldsymbol{d}$ 相对于参考坐标系 x，y，z 轴的 3 个分量。可以看到，矩阵的前 3 列表示没有旋转运动（等同于单位矩阵），而最后一列表示平移运动。新的坐标系位置为

$$F_{\text{new}} = \begin{bmatrix} 1 & 0 & 0 & d_x \\ 0 & 1 & 0 & d_y \\ 0 & 0 & 1 & d_z \\ 0 & 0 & 0 & 1 \end{bmatrix} \times \begin{bmatrix} n_x & o_x & a_x & p_x \\ n_y & o_y & a_y & p_y \\ n_z & o_z & a_z & p_z \\ 0 & 0 & 0 & 1 \end{bmatrix} = \begin{bmatrix} n_x & o_x & a_x & p_x + d_x \\ n_y & o_y & a_y & p_y + d_y \\ n_z & o_z & a_z & p_z + d_z \\ 0 & 0 & 0 & 1 \end{bmatrix} \quad (7\text{-}24)$$

这个方程也可用符号写为

$$F_{\text{new}} = \text{Trans}(d_x, d_y, d_z) \times F_{\text{old}} \quad (7\text{-}25)$$

式中：$\text{Trans}(d_x, d_y, d_z)$ 为平移算子。

首先，如前面所看到的，新坐标系的位置可通过在坐标系矩阵前面左乘变换矩阵得到，后面将看到，无论以何种形式，这种方法对于所有的坐标变换都成立。其次可以注意到，方向向量经过纯平移后保持不变。但是，新的坐标系的位置是 $\boldsymbol{d}$ 和 $\boldsymbol{P}$ 向量相加的结果。最后应该注意到，齐次变换矩阵与矩阵乘法的关系使得到的新矩阵的维数和变换前相同。

2. 坐标旋转

为简化绕轴旋转的推导，假设该坐标系位于参考坐标系的原点并且与之平行，之后将结果推广到其他的旋转以及旋转的组合。

假设坐标系 (n, o, a) 位于参考坐标系 (x, y, z) 的原点，坐标系 (n, o, a) 绕参考坐标系的 x 轴旋转一个角度 θ，再假设旋转坐标系 (n, o, a) 上有一点 P 相对于参考坐标系的坐标为 P_x、P_y、P_z，相对于运动坐标系的坐标为 P_n、P_o、P_a。当坐标系绕 x 轴旋转时，坐标系上的点 P 也随坐标系一起旋转。在旋转之前，P 点在两个坐标系中的坐标是相同的（这时两个坐标系位置相同，并且相互平行）。旋转后，该点坐标 P_n、P_o、P_a 在旋转坐标系 (x, y, z) 中保持不变，但在参考坐标系中 P_x、P_y、P_z 却改变了，如图 7-15 所示。现在要找到运动坐标系旋转后 P 相对于固定参考坐标系的新坐标。

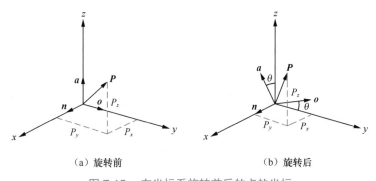

（a）旋转前　　　　　　　　　　（b）旋转后

图 7-15　在坐标系旋转前后的点的坐标

从 x 轴来观察在二维平面上的同一点的坐标，图 7-18 显示了点 P 在坐标系旋转前后的坐标。点 P 相对于参考坐标系的坐标是 P_x、P_y、P_z，而相对于旋转坐标系（点 P 所固连的坐标系）的坐标仍为 P_n、P_o、P_a。

由图 7-16 可以看出，P_x 不随坐标系 x 轴的转动而改变，而 P_y 和 P_z 却改变了，可以

证明：

$$P_x = P_n$$

$$P_y = l_1 - l_2 = P_o \cos\theta - P_a \sin\theta \qquad (7-26)$$

$$P_z = l_3 + l_4 = P_o \sin\theta + P_a \cos\theta$$

写成矩阵形式为

$$\begin{bmatrix} P_x \\ P_y \\ P_z \end{bmatrix} = \begin{bmatrix} 1 & 0 & 0 \\ 0 & \cos\theta & -\sin\theta \\ 0 & \sin\theta & \cos\theta \end{bmatrix} \begin{bmatrix} P_n \\ P_o \\ P_a \end{bmatrix} \qquad (7-27)$$

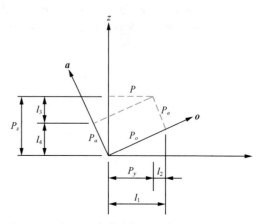

图 7-16　相对于参考坐标系的点的坐标和从 x 轴上观察旋转坐标系

可见，为了得到在参考坐标系中的坐标，旋转坐标系中的点 P（或向量 $\boldsymbol{P}$）的坐标必须左乘旋转矩阵。这个旋转矩阵只适用于绕参考坐标系的 x 轴做纯旋转变换的情况，它可表示为

$$\boldsymbol{P}_{xyz} = \mathrm{Rot}(x,\theta) \times \boldsymbol{P}_{noa} \qquad (7-28)$$

为简化书写，习惯用符号 $C\theta$ 表示 $\cos\theta$，用 $S\theta$ 表示 $\sin\theta$。因此，旋转矩阵也可写为

$$\mathrm{Rot}(x,\theta) = \begin{bmatrix} 1 & 0 & 0 \\ 0 & C\theta & -S\theta \\ 0 & S\theta & C\theta \end{bmatrix} \qquad (7-29)$$

注意在式（7-29）中，旋转矩阵的第一列表示相对于 x 轴的位置，其值为 1、0、0，它表示沿 x 轴的坐标没有改变。

可用同样的方法来分析坐标系绕参考坐标系 y 轴和 z 轴旋转的情况，可以证明其结果为

$$\mathrm{Rot}(x,\theta) = \begin{bmatrix} 1 & 0 & 0 \\ 0 & C\theta & -S\theta \\ 0 & S\theta & C\theta \end{bmatrix} \qquad (7-30)$$

式（7-28）也可写为习惯的形式，以便于理解不同坐标系间的关系，为此，可将该变换表示为 ${}^U\boldsymbol{T}_R$（读作坐标系 $\{R\}$ 相对于坐标系 $\{U\}$（Universe）的变换），将 $\boldsymbol{P}_{noa}$ 表示为 ${}^R\boldsymbol{P}$（P 相对于坐标系 $\{R\}$），将 $\boldsymbol{P}_{xyz}$ 表示为 ${}^U\boldsymbol{P}$（$\boldsymbol{P}$ 相对于坐标系 $\{U\}$），式（7-28）可简化为

$$^U\boldsymbol{P} = {}^U\boldsymbol{T}_R \times {}^R\boldsymbol{P} \qquad (7-31)$$

由式（7-31）可见，去掉坐标系 $\{R\}$ 便得到了 $\boldsymbol{P}$ 相对于坐标系 $\{U\}$ 的坐标。

3. 坐标变换综合（平移＋旋转）

复合变换是由固定参考坐标系或当前运动坐标系沿轴平移和绕轴旋转变换所组成的。任何变换都可以分解为按一定顺序的一组平移和旋转变换。例如，为了完成所要求的变换，可以先绕 x 轴旋转，再沿 x、y、z 轴平移，最后绕 y 轴旋转。在后面将会看到，这个变换顺序很重要，如果颠倒两个变换的顺序，结果将会完全不同。

为了探讨如何处理复合变换，假定坐标系（n, o, a）相对于参考坐标系（x, y, z）依次进行了下面 3 个变换。

① 绕 x 轴旋转角度 α。

② 平移 $[l_1 l_2 l_3]$（分别相对于 x、y、z 轴）。

③ 绕 y 轴旋转角度 β。

比如点 P_{noa} 固定在旋转坐标系，开始时旋转坐标系的原点与参考坐标系的原点重合。坐标系（n，o，a）相对于参考坐标系旋转或者平移时，坐标系中的 P 点相对于参考坐标系的坐标也跟着改变。如前面所看到的，第一次变换后，P 点相对于参考坐标系的坐标可用下列方程进行计算：

$$P_{1,\ xyz} = \mathrm{Rot}(x,\alpha) \times P_{noa} \tag{7-32}$$

其中，P_1，xyz 是第一次变换后该点相对于参考坐标系的坐标。第二次变换后，该点相对于参考坐标系的坐标是

$$P_{2,\ xyz} = \mathrm{Trans}(l_1,l_2,l_3) \times P_{1,\ xyz} = \mathrm{Trans}(l_1,l_2,l_3) \times \mathrm{Rot}(x,\alpha) \times P_{noa} \tag{7-33}$$

同样，第三次变换后，该点相对于参考坐标系的坐标为

$$P_{xyz} = P_{3,\ xyz} = \mathrm{Rot}(y,\beta) \times P_{2,\ xyz} = \mathrm{Rot}(y,\beta) \times \mathrm{Trans}(l_1,l_2,l_3) \times \mathrm{Rot}(x,\alpha) \times P_{noa} \tag{7-34}$$

可见，每次变换后该点相对于参考坐标系的坐标都是通过用每个变换矩阵左乘该点的坐标得到的。当然，矩阵的顺序不能改变。同时还应注意，对于相对于参考坐标系的每次变换，矩阵都是左乘的。因此，矩阵书写的顺序和进行变换的顺序正好相反。

二、齐次坐标变换

1. 平移变换

空间中 $P(x, y, z)$ 点在直角坐标系中平移至 $P'(x', y', z')$ 点，如图 7-17 所示。

$$\begin{cases} x' = x + \Delta x \\ y' = y + \Delta y \\ z' = z + \Delta z \end{cases} \text{或} \quad \begin{bmatrix} x' \\ y' \\ z' \end{bmatrix} = \begin{bmatrix} x \\ y \\ z \end{bmatrix} + \begin{bmatrix} \Delta x \\ \Delta y \\ \Delta z \end{bmatrix} \tag{7-35}$$

若 P、P' 点用齐次坐标表示，则平移变换表示为

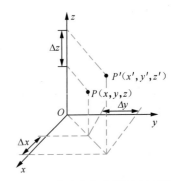

图 7-17　点在直角坐标系中的平移

$$\begin{bmatrix} x' \\ y' \\ z' \\ 1 \end{bmatrix} = \begin{bmatrix} 1 & 0 & 0 & \Delta x \\ 0 & 1 & 0 & \Delta y \\ 0 & 0 & 1 & \Delta z \\ 0 & 0 & 0 & 1 \end{bmatrix} \begin{bmatrix} x \\ y \\ z \\ 1 \end{bmatrix} = \mathrm{Trans}(\Delta x, \Delta y, \Delta z) \begin{bmatrix} x \\ y \\ z \\ 1 \end{bmatrix} \tag{7-36}$$

$\mathrm{Trans}(\Delta x, \Delta y, \Delta z)$ 称为平移算子。

2. 旋转变换

空间中 $P(x, y, z)$ 点在直角坐标系中绕 z 轴旋转 θ 角后至 $P'(x', y', z')$ 点，如图 7-18 所示。因为 $P(x, y, z)$ 仅绕 z 轴旋转，所以 z 坐标不变，$z = z'$，且在 xOy 平面内，$OA = OA'$。

$$\begin{cases} x = OA\cos\alpha \\ y = OA\sin\alpha \end{cases} \tag{7-37}$$

$$\begin{cases} x' = OA'\cos(\alpha + \theta) = OA\cos(\alpha + \theta) \\ y' = OA'\sin(\alpha + \theta) = OA\sin(\alpha + \theta) \end{cases} \tag{7-38}$$

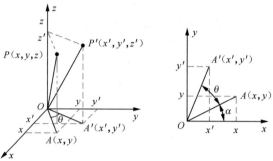

图 7-18　点在直角坐标系中的旋转

由三角函数的加法定理

$$\begin{cases} \sin(\alpha + \beta) = \sin\alpha\cos\beta + \cos\alpha\sin\beta \\ \cos(\alpha + \beta) = \cos\alpha\cos\beta - \sin\alpha\sin\beta \end{cases} \tag{7-39}$$

可知

$$\begin{cases} x' = OA(\cos\alpha\cos\theta - \sin\alpha\sin\theta) = OA\cos\alpha\cos\theta - OA\sin\alpha\sin\theta \\ y' = OA(\sin\alpha\cos\theta + \cos\alpha\sin\theta) = OA\sin\alpha\cos\theta + OA\cos\alpha\sin\theta \end{cases} \tag{7-40}$$

则

$$\begin{cases} x' = x\cos\theta - y\sin\theta \\ y' = y\cos\theta + x\sin\theta = x\sin\theta + y\cos\theta \end{cases} \tag{7-41}$$

点 $P(x, y, z)$ 与点 $P'(x', y', z')$ 之间的关系用矩阵表示为

$$\begin{bmatrix} x' \\ y' \\ z' \end{bmatrix} = \begin{bmatrix} \cos\theta & -\sin\theta & 0 \\ \sin\theta & \cos\theta & 0 \\ 0 & 0 & 1 \end{bmatrix} \begin{bmatrix} x \\ y \\ z \end{bmatrix} \tag{7-42}$$

若点 P、P' 用齐次坐标表示，则绕 z 轴旋转变换表示为

$$\begin{bmatrix} x' \\ y' \\ z' \\ 1 \end{bmatrix} = \begin{bmatrix} \cos\theta & -\sin\theta & 0 & 0 \\ \sin\vartheta & \cos\theta & 0 & 0 \\ 0 & 0 & 1 & 0 \\ 0 & 0 & 0 & 1 \end{bmatrix} \begin{bmatrix} x \\ y \\ z \\ 1 \end{bmatrix} = \text{Rot}(z,\theta)\begin{bmatrix} x \\ y \\ z \\ 1 \end{bmatrix} \tag{7-43}$$

$\text{Rot}(z, \theta)$ 为绕 z 轴的旋转算子。

同理

$$\text{Rot}(x,\theta) = \begin{bmatrix} 1 & 0 & 0 & 0 \\ 0 & \cos\theta & -\sin\theta & 0 \\ 0 & \sin\theta & \cos\theta & 0 \\ 0 & 0 & 0 & 1 \end{bmatrix} \tag{7-44}$$

$$\mathrm{Rot}\,(y,\theta) = \begin{bmatrix} \cos\theta & 0 & \sin\theta & 0 \\ 0 & 1 & 0 & 0 \\ -\sin\theta & 0 & \cos\theta & 0 \\ 0 & 0 & 0 & 1 \end{bmatrix} \tag{7-45}$$

注意：逆时针旋转时，θ 为正值；顺时针旋转时，θ 为负值。

3. 复合变换

点或坐标系等发生变换时，既会发生平移变换也会发生旋转变换。

若先平移后旋转，则

$$P' = \mathrm{Rot}(*,\theta)\mathrm{Trans}(\Delta x,\Delta y,\Delta z)P \tag{7-46}$$

若先旋转后平移，则

$$P' = \mathrm{Trans}(\Delta x,\Delta y,\Delta z)\mathrm{Rot}(*,\theta)P \tag{7-47}$$

注意：变换算子不仅适用于点的齐次变换，也可用于向量、坐标系和物体的齐次变换。

【例 7-2】若图 7-12 中的物块先绕 x 轴逆时针旋转 $90°$，再沿着 z 轴平移 5，求物块的位姿。

解：由题意可知

$$\boldsymbol{Q}' = \mathrm{Trans}(0,0,5)\mathrm{Rot}(x,90°)\boldsymbol{Q}$$

$$= \begin{bmatrix} 1 & 0 & 0 & 0 \\ 0 & 1 & 0 & 0 \\ 0 & 0 & 1 & 5 \\ 0 & 0 & 0 & 1 \end{bmatrix} \begin{bmatrix} 1 & 0 & 0 & 0 \\ 0 & 0 & -1 & 0 \\ 0 & 1 & 0 & 0 \\ 0 & 0 & 0 & 1 \end{bmatrix} \begin{bmatrix} 1 & -1 & -1 & 1 & 0 \\ 0 & 0 & 0 & 0 & 2.5 \\ 0 & 0 & 2 & 2 & 0 \\ 1 & 1 & 1 & 1 & 1 \end{bmatrix} \tag{7-48}$$

$$= \begin{bmatrix} 1 & -1 & -1 & 1 & 0 \\ 0 & 0 & -2 & -2 & 0 \\ 5 & 5 & 5 & 5 & 7.5 \\ 1 & 1 & 1 & 1 & 1 \end{bmatrix}$$

也可采用作图法求结果，如图 7-19 所示。

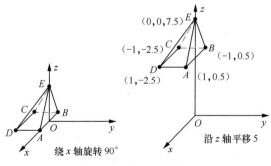

图 7-19　作图法求结果

【思考与练习】

简述坐标变换及齐次坐标变换的数学实现。

任务五　工业机器人 D-H 建模

【任务描述】

　　工业机器人是由一系列关节和连杆组成的，这些关节可能是滑动（线性）的或旋转（转动）的，它们可以按任意的顺序放置并处于任意的平面。工业机器人连杆可以是任意的长度（包括零），它可能被弯曲或扭曲，也可能位于任意平面上。因此任何一组关节和连杆都可以构成一个我们想要建模和表示的机器人。这里使用 D-H 表示法来推导相邻杆件间平移和转动的关系。

【任务学习】

　　D-H（Denavit-Hartenberg）方法是对具有连杆和关节的机构进行建模的一种非常有效的方法。D-H 方法为每个关节处的杆件坐标系建立 4×4 齐次变换矩阵，表示它同前一个杆件坐标系的关系。为此，需要给每个关节指定一个参考坐标系，然后，确定从一个关节到下一个关节（一个坐标系到下一个坐标系）变换的步骤。将从基座到第一个关节，再从第一个关节到第二个关节直至到最后一个关节的所有变换结合起来，就得到了机器人的总变换矩阵。在本任务中，将根据 D-H 表示法确定一个一般步骤来为每个关节指定参考坐标系，然后确定如何实现任意两个相邻坐标系之间的变换，最后写出机器人的总变换矩阵。

　　描述两个相邻连杆坐标系间的空间位姿关系都可用 a、α、d、θ 这 4 个参数来描述，其中 a 表示连杆长度，α 表示连杆扭角，d 表示两相邻连杆的距离，θ 表示两相邻连杆的夹角，a、α 描述连杆本身的特征，d、θ 描述相邻连杆间的联系。对于旋转关节，θ 是关节变量，a、α、d 是关节参数；对于平移关节，d 是关节变量，a、α、θ 是关节参数。

　　D-H 一般分为标准 D-H 和改进 D-H。在进行工业机器人 D-H 建模时，需建立工业机器人各关节的坐标系，而为了简化工业机器人的绘制，可绘制工业机器人的运动简图，进而通过 D-H 参数在运动简图上建立坐标系并进行运动学计算。

一、工业机器人运动简图

　　工业机器人的机械结构由基座、手臂与末端执行器等组成。这些机构通常由一系列连杆、关节或其他形式的运动副组成。每个部件都有若干自由度。采用运动简图表示这些机构的运动形式，如表 7-2 所示。

表 7-2　　　　　　　　　　　　工业机器人运动功能图形符号

名称	图片	图形符号	
		正视	侧视
移动副			

名称	图片	图形符号	
		正视	侧视
回转副			
螺旋副			—
球面副			—
末端执行器			—
基座			—

各种类型的工业机器人的结构图和运动功能简图如表 7-3 所示。

表 7-3　　　　　　　　　工业机器人结构图及运动功能简图

工业机器人结构图			工业机器人运动功能简图
名称	主视图	侧视图	
直角坐标机器人			
圆柱坐标机器人			
球坐标机器人			

工业机器人结构图			工业机器人运动功能简图
名称	主视图	侧视图	
关节机器人			

二、标准 D-H 建模

图 7-20 所示为 n 个关节的广义连杆系统，取相邻杆件（Link）$i-1$ 和 i 及关节（Joint）$i-1$、i 和 $i+1$，来研究连杆间的齐次变换矩阵。首先建立参考坐标系 $\{i\}$，建立过程要遵循以下规则。

① z_i 轴与第 $i+1$ 个关节轴线重合。

② x_i 轴垂直于 z_{i-1} 轴和 z_i 轴，并由关节 i 指向关节 $i+1$。

③ 以 z_{i-1} 轴和 z_i 轴的公垂线与 z_i 轴的交点为原点。

④ y_i 轴通过右手坐标系规则建立。

根据上述 D-H 坐标系建立规则，可将该方法描述机器人相邻杆件关系的 4 个参数总结至表 7-4。

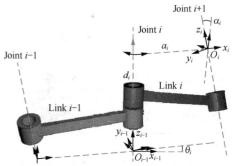

图 7-20　标准 D-H 模型参数示意图

表 7-4　　　　　　　　　　　　　标准 D-H 连杆参数的定义

连杆参数	定义
a_i	沿 x_{i-1} 轴，从 z_{i-1} 轴移动到 z_i 轴的偏置距离，$a_i \geqslant 0$
α_i	绕 x_{i-1} 轴（按右手定则），由 z_{i-1} 轴转向 z_i 轴的偏角
d_i	沿 z_{i-1} 轴，从 x_{i-1} 轴移动到 x_i 轴的距离
θ_i	绕 z_{i-1} 轴（按右手定则），由 x_{i-1} 轴到 x_i 轴的关节角

标准的 D-H 相邻连杆间的坐标系变换过程：先绕 z_{i-1} 轴旋转 θ_i 使 x_{i-1} 轴和 x_i 轴平行，再沿 z_{i-1} 轴平移 d_i 使 x_{i-1} 轴和 x_i 轴共线，然后沿新位置的 x_{i-1} 轴平移 a_i 使 $\{i-1\}$ 坐标系和 $\{i\}$ 坐标系原点重合，最后再绕新位置的 x_{i-1} 轴旋转 α_i 使 $\{i-1\}$ 坐标系和 $\{i\}$ 坐标系重合，即连杆 i 在标准 D-H 法下的 4 个参数分别为 a_i、α_i、d_i、θ_i，则连杆 $i-1$ 与连杆 i 之间的变换矩阵 $^{i-1}\boldsymbol{T}_i$ 为

$$^{i-1}\boldsymbol{T}_i = \mathrm{Rot}(z,\theta_i)\mathrm{Trans}(z,d_i)\mathrm{Trans}(x,a_i)\mathrm{Rot}(x,\alpha_i) \qquad (7\text{-}49)$$

式中：$\mathrm{Rot}(x,\alpha_i)$ 表示坐标系 $\{i-1\}$ 沿 x_{i-1} 轴旋转 α_i 角；$\mathrm{Trans}(x, a_i)$ 表示坐标系 $\{i-1\}$ 沿 x_{i-1} 轴平移 a_i 距离；$\mathrm{Trans}(z, d_i)$ 表示坐标系 $\{i-1\}$ 沿 z_{i-1} 轴平移 d_i 距离；$\mathrm{Rot}(z,\theta_i)$ 表示坐标系 $\{i-1\}$ 绕 z_{i-1} 轴旋转 θ_i 角。

展开式（7-49）可得

$$^{i-1}T_i = \begin{bmatrix} \cos\theta_i & -\cos\alpha_i\sin\theta_i & \sin\alpha_i\sin\theta_i & a_i\cos\theta_i \\ \sin\theta_i & \cos\alpha_i\cos\theta_i & -\sin\alpha_i\cos\theta_i & a_i\sin\theta_i \\ 0 & \sin\alpha_i & \cos\alpha_i & d_i \\ 0 & 0 & 0 & 1 \end{bmatrix} \qquad (7\text{-}50)$$

标准 D-H 的坐标系建立在连杆末端，适用于串联结构的机器人，当机器人为树形结构（一个连杆末端连接多个关节）时会产生歧义。

【例 7-3】SCARA 机器人属于串联机器人，有 4 个自由度：3 个旋转副，1 个移动副，如图 7-21 所示。

根据标准 D-H 坐标系建立方法分别建立机器人的各关节坐标系，如图 7-22 所示。

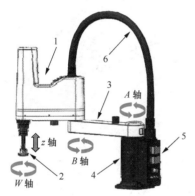

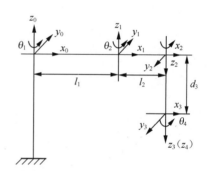

图 7-21　埃斯顿 ER5-4B-800（SCARA）机器人的结构

1—前臂；2—末端法兰；3—后臂；4—基座；

5—航空插头；6—电缆

图 7-22　SCARA 机器人连杆坐标系

由图 7-22 得到 SCARA 机器人各连杆的参数，如表 7-5 所示。

表 7-5　　　　　　　　　　　　　SCARA 机器人 D-H 参数表

连杆 i	a/mm	α/rad	d/mm	θ/rad	关节变量	其他
1	l_1	0	0	θ_1	θ_1	l_1=475mm
2	l_2	π	0	θ_2	θ_2	l_2=325mm
3	0	0	d_3	0	d_3	—
4	0	0	0	θ_4	θ_4	—

由式（7-50）可得各连杆的位姿矩阵为

$$^0T_1 = \begin{bmatrix} C\theta_1 & -S\theta_1 & 0 & l_1 c\theta_1 \\ S\theta_1 & C\theta_1 & 0 & l_1 s\theta_1 \\ 0 & 0 & 1 & 0 \\ 0 & 0 & 0 & 1 \end{bmatrix}, \quad ^1T_2 = \begin{bmatrix} C\theta_2 & S\theta_2 & 0 & l_2 C\theta_2 \\ S\theta_2 & -C\theta_2 & 0 & l_2 S\theta_2 \\ 0 & 0 & -1 & 0 \\ 0 & 0 & 0 & 1 \end{bmatrix}$$

$$^2\boldsymbol{T}_3 = \begin{bmatrix} 1 & 0 & 0 & 0 \\ 0 & 1 & 0 & 0 \\ 0 & 0 & 1 & d_3 \\ 0 & 0 & 0 & 1 \end{bmatrix}, \quad ^3\boldsymbol{T}_4 = \begin{bmatrix} C\theta_4 & -S\theta_4 & 0 & 0 \\ S\theta_4 & C\theta_4 & 0 & 0 \\ 0 & 0 & 1 & 0 \\ 0 & 0 & 0 & 1 \end{bmatrix}$$

（7-51）

式中：$S\theta_i = \sin\theta_i$，$C\theta_i = \cos\theta_i$，其中 $i=1$，2，4。

三、改进 D-H 建模

图 7-23 所示为 n 个关节的广义连杆系统，取相邻杆件 $i-1$、i 及关节 $i-1$、i 和 $i+1$，来研究连杆间的齐次变换矩阵。首先建立参考坐标系 $\{i\}$，建立过程要遵循以下规则。

① z_i 轴与第 i 个关节轴线重合。

② x_i 轴垂直于 z_i 轴和 z_{i+1} 轴，并由关节 i 指向关节 $i+1$。

③ 以 z_i 轴和 z_{i+1} 轴的公垂线与 z_i 轴的交点为原点。

④ y_i 轴则通过右手坐标系规则建立。

根据上述 D-H 坐标系建立规则，可将该方法描述机器人相邻杆件关系的 4 个参数总结至表 7-6。

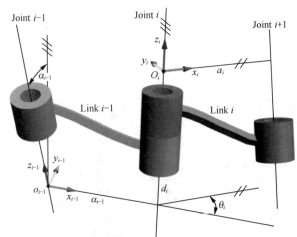

图 7-23　改进 D-H 模型参数示意图

表 7-6　　　　　　　　　　　　改进 D-H 连杆参数的定义

连杆参数	定义
a_{i-1}	沿 x_{i-1} 轴，从 z_{i-1} 移动到 z_i 的偏置距离，$a_i \geqslant 0$
α_{i-1}	绕 x_{i-1} 轴（按右手定则），由 z_{i-1} 轴转向 z_i 轴的偏角
d_i	沿 z_i 轴，从 x_{i-1} 移动到 x_i 轴的距离
θ_i	绕 z_i 轴（按右手定则），由 x_{i-1} 轴转向 x_i 轴的关节角

改进的 D-H 相邻连杆间的坐标系变换过程：先绕 x_{i-1} 轴旋转 α_{i-1} 使 z_{i-1} 轴和 z_i 轴平行，再沿 x_{i-1} 轴平移 a_{i-1} 使 z_{i-1} 轴和 z_i 轴共线，然后绕新位置的 z_i 轴旋转 θ_i 使 x_{i-1} 轴和 x_i 轴平行，最后再沿新位置的 z_i 轴平移 d_i 使 $\{i-1\}$ 坐标系和 $\{i\}$ 坐标系重合，即连杆 i 在改进 D-H 法下的 4 个参数分别为 a_{i-1}，α_{i-1}，d_i，θ_i，则连杆 $i-1$ 与连杆 i 之间的变换矩阵 $^{i-1}\boldsymbol{T}_i$ 为

$$^{i-1}\boldsymbol{T}_i = \mathrm{Rot}(x, \alpha_{i-1})\,\mathrm{Trans}(x, a_{i-1})\,\mathrm{Rot}(z, \theta_i)\,\mathrm{Trans}(z, d_i) \tag{7-52}$$

展开式（7-52）可得

$$^{i-1}\boldsymbol{T}_i = \begin{bmatrix} \cos\theta_i & -\sin\theta_i & 0 & a_{i-1} \\ \cos\alpha_{i-1}\sin\theta_i & \cos\alpha_{i-1}\cos\theta_i & -\sin\alpha_{i-1} & -d_i\sin\alpha_{i-1} \\ \sin\alpha_{i-1}\sin\theta_i & \sin\alpha_{i-1}\cos\theta_i & \cos\alpha_{i-1} & d_i\cos\alpha_{i-1} \\ 0 & 0 & 0 & 1 \end{bmatrix} \tag{7-53}$$

由于改进 D-H 法的坐标系建立在连杆始端，因此比标准 D-H 法适用性广，不仅适用于串联结构的机器人，还适用于树形结构的机器人。

【例 7-4】FANUC 机器人属于串联机器人，有 6 个自由度，都为旋转副，如图 7-24 所示。

根据改进 D-H 坐标系建立方法分别建立机器人的各关节坐标系，如图 7-25 所示。

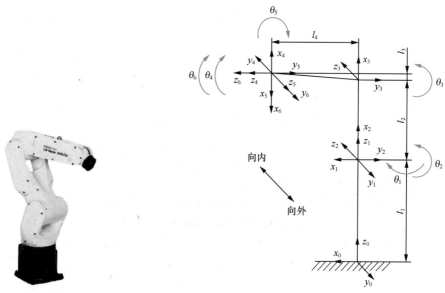

图 7-24　FANUCLRMate200iD/4S 机器人的结构　　　图 7-25　FANUC 机器人连杆坐标系

由图 7-25 得到 FANUC 机器人各连杆的参数，如表 7-7 所示。

表 7-7　　　　　　　　　　　　　　　　FANUC 机器人 D-H 参数

连杆 i	a_{i-1}/mm	α_{i-1}/(°)	d/mm	θ/(°)	关节变量	其他
1	0	0	l_1	0	θ_1	l_1=330mm
2	0	90	0	90	θ_2	—
3	l_2	0	0	0	θ_3	l_2=260mm
4	l_3	90	l_4	0	θ_4	l_3=20mm，l_4=290mm
5	0	90	0	180	θ_5	—
6	0	90	0	0	θ_6	—

由式 7-53 可得各连杆的位姿矩阵为

$$
{}^{0}\boldsymbol{T}_1 = \begin{bmatrix} C\theta_1 & -S\theta_1 & 0 & 0 \\ S\theta_1 & C\theta_1 & 0 & 0 \\ 0 & 0 & 1 & l_1 \\ 0 & 0 & 0 & 1 \end{bmatrix} \qquad
{}^{1}\boldsymbol{T}_2 = \begin{bmatrix} C\theta_2 & -S\theta_2 & 0 & 0 \\ 0 & 0 & -1 & 0 \\ S\theta_2 & C\theta_2 & 0 & 0 \\ 0 & 0 & 0 & 1 \end{bmatrix}
$$

$$
{}^{2}\boldsymbol{T}_{3} = \begin{bmatrix} C\theta_3 & -S\theta_3 & 0 & l_2 \\ S\theta_3 & C\theta_3 & 0 & 0 \\ 0 & 0 & 1 & 0 \\ 0 & 0 & 0 & 1 \end{bmatrix} \quad {}^{3}\boldsymbol{T}_{4} = \begin{bmatrix} C\theta_4 & -S\theta_4 & 0 & l_3 \\ 0 & 0 & -1 & -l_4 \\ S\theta_4 & C\theta_4 & 0 & 0 \\ 0 & 0 & 0 & 1 \end{bmatrix}
$$

$$
(7\text{-}54)
$$

$$
{}^{4}\boldsymbol{T}_{5} = \begin{bmatrix} C\theta_5 & -S\theta_5 & 0 & 0 \\ 0 & 0 & -1 & 0 \\ S\theta_5 & C\theta_5 & 0 & 0 \\ 0 & 0 & 0 & 1 \end{bmatrix} \quad {}^{5}\boldsymbol{T}_{6} = \begin{bmatrix} C\theta_6 & -S\theta_6 & 0 & 0 \\ 0 & 0 & -1 & 0 \\ S\theta_6 & C\theta_6 & 0 & 0 \\ 0 & 0 & 0 & 1 \end{bmatrix}
$$

式中：$S\theta_i = \sin\theta_i$，$C\theta_i = \cos\theta_i$，其中 $i=1$，2，…，6。

【思考与练习】

1. 画出工业机器人运动功能图形符号。

2. 画出各种类型的工业机器人的运动简图。

3. 简述两种 D-H 建模方法的坐标系建立规则，相邻两连杆间 4 个参数（a，α，d，θ）的定义，以及相邻两连杆间的变换矩阵。

项目总结

本项目首先简要介绍了工业机器人运动学数学方面的基本知识，包括空间点的表示方法、空间向量的表示方法、坐标系的表示方法、刚体的表示方法等；然后介绍了位姿描述和坐标变换的概念，并给出变换矩阵，其中坐标变换分为平移变换、旋转变换、综合变换 3 种；接着介绍了工业机器人不同种类的轴和坐标系，以及它们的应用范围；最后介绍了工业机器人的两种 D-H 建模流程。项目七的技能图谱如图 7-26 所示。

知识目标	能力目标
掌握工业机器人的轴、直角坐标系和绝对坐标系	能进行坐标（平移、旋转等）变换的计算
了解直角坐标与坐标变换、齐次坐标与齐次变换、旋转变换通式、机器人位姿表示方法	能准确把握各类坐标系（世界坐标系、工具坐标系、用户坐标系等）
了解工业机器人运动简图的绘制方法	能绘制简单的工业机器人运动简图
了解工业机器人 D-H 建模方法	能准确把握工业机器人的 D-H 建模流程

图 7-26　项目七的技能图谱

项目习题

1. 原点位于工具上的坐标系是（　　）。

A. 工件坐标系　　B. 用户坐标系　　C. 工具坐标系　　D. 世界坐标系

2. 如果一坐标系（它也可能是一物体）在空间以不变的姿态运动，那么该坐标是（　　）。

A. 坐标旋转变换　　B. 坐标平移变换　　C. 坐标综合变换　　D. 以上均不正确

3. 齐次坐标变换能解决机器人_____与_____的描述问题。

4. 在三维空间中，如给定了某刚体上某一点的_____和刚体的_____，则这个刚体在空间中的位姿也就确定了。

5. _____坐标系是最适用于对机器人进行编程的坐标系。

6. 工业机器人的坐标变换分为哪几种？

7. 分别写出绕 x 轴、y 轴和 z 轴旋转 θ 角的旋转变换矩阵。

8. 坐标系 $\{B\}$ 最初与坐标系 $\{A\}$ 重合，将坐标系 $\{B\}$ 绕 z_B 轴旋转 $45°$，接着再将上一步旋转得到的坐标系绕 x_B 轴旋转角度 φ，求 ^BP 和 ^AP 向量变换的旋转矩阵。

9. 已知一速度向量如下

$$^BV = \begin{bmatrix} 10.0 \\ 20.0 \\ 30.0 \end{bmatrix}$$

又已知

$$^A_BT = \begin{bmatrix} 0.866 & -0.500 & 0.000 & 11.0 \\ 0.500 & 0.866 & 0.000 & -3.0 \\ 0.000 & 0.000 & 1.000 & 9.0 \\ 0 & 0 & 0 & 1 \end{bmatrix}$$

计算 ^AV。

10. 参见图 7-27，求 ^A_BT、^A_CT、^B_CT、^C_AT 的值。

11. 参见图 7-28，求 ^A_BT、^A_CT、^B_CT、^C_AT 的值。

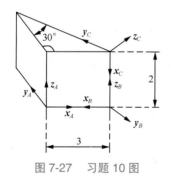

图 7-27　习题 10 图

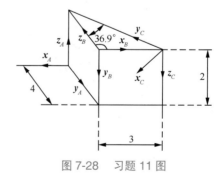

图 7-28　习题 11 图

12. 试用改进 D-H 法计算图 7-21 所示的 SCARA 机器人的 D-H 矩阵。

13. 如图 7-29 所示的运动形式表示什么坐标型的机器人？

14. 试画出图 7-30、图 7-31 中的机器人的运动简图。

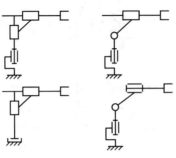

图 7-29　习题 13 图

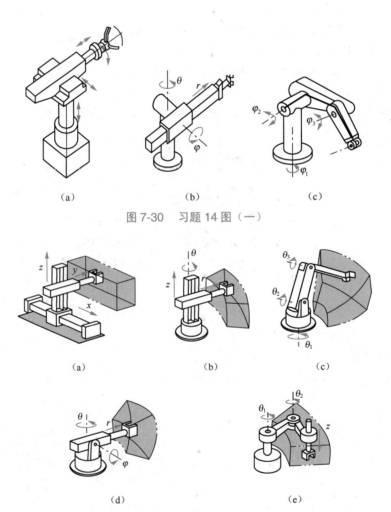

（a）　　　　　　　　（b）　　　　　　　　（c）

图 7-30　习题 14 图（一）

（a）　　　　　　　　（b）　　　　　　　　（c）

（d）　　　　　　　　（e）

图 7-31　习题 14 图（二）

项目八
工业机器人运动学计算

项目引入

　　工业机器人的运动学是工业机器人的工作空间与关节空间之间的映射关系，机器人的运动学模型包括正运动学模型和逆运动学模型两部分内容。

　　工业机器人在运动时，不仅要控制其位置，还需控制其速度，这便涉及雅克比矩阵的知识，即将末端执行器的速度映射到工业机器人各关节的速度中。

　　本项目的学习内容就是工业机器人运动学的计算，包括正运动学的计算和逆运动学的计算，并扩展了工业机器人雅克比矩阵的计算知识。

知识图谱

机器人机构运动学的描述中进行了一系列的理想化假设。假设构成机构的连杆是严格的刚体，其表面无论位置还是形状在几何上都是理想的。相应地，这些刚体由关节连接在一起，关节也具有理想化的表面，其接触无间隙。

通过其运动学方程，机器人可以用各关节的详细参数，比如旋转关节转过的角度和滑动关节移动的距离，来定义其结构任意组成部分的位置。要做到这点，我们需要用一系列的线条来描述机器人。

假设有一个构型已知的机器人，即它的所有连杆长度和关节角度都是已知的，那么计算机器人手的位姿就称为正运动学分析。换言之，如果已知所有机器人关节变量，用正运动学方程就能计算任一瞬间机器人的位姿。如果想要将机器人的手放在一个期望的位姿，而计算出所需的机器人的每一个连杆的长度和关节的角度，这就叫做逆运动学分析，也就是说，这里不是把已知的机器人变量代入正向运动学方程中，而是要设法找到这些方程的逆，从而求得所需的关节变量，使机器人获得期望的位姿。运动学计算解决的问题可以用图 8-1 表示。

（a）正运动学

（b）逆运动学

图 8-1　机器人的两类运动学问题

任务一　工业机器人正运动学计算

【任务描述】

正运动学计算就是已知工业机器人各关节的变量，求末端执行器的位姿的计算，也称为顺运动学计算。

【任务学习】

工业机器人中，若第一个连杆相对于固定坐标系的位姿可用齐次变换矩阵 A_1 表示，第二个连杆相对于第一个连杆坐标系的位姿用 A_2 表示，则第二个连杆相对于固定坐标系的位姿可用矩阵 T_2 表示：

$$T_2 = A_1 A_2 \tag{8-1}$$

【例 8-1】如图 8-2 所示，某机器人有 2 个关节，分别位于 O_A、O_B 点，机械手中心为 O_C 点。这 3 个点分别为 3 个坐标系的原点，调整机器人各关节使得末端执行器最终到达指定位置（未沿 z 轴发生平移），其中 $l_1=100$，$l_2=50$，$\theta_1=45°$，$\theta_2=-30°$，求机械手末端执行器的位姿（末端执行器的坐标及与 x 轴的夹角）。

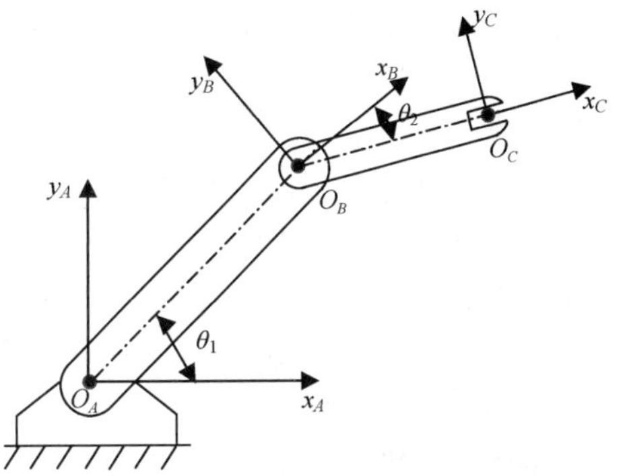

解法一：该机器人为平面关节机器人，2 个关节轴线相互平行。末端执行器与 x 轴的夹角，也就是 x_C 与 x_A 的夹角，即 $\theta_1-\theta_2=45°-30°=15°$。

图 8-2　有 2 个关节的机器人

末端执行器的坐标计算式为

$$\begin{cases} x_{O_C} = l_1\cos\theta_1 + l_2\cos(\theta_1+\theta_2) = 100 \times \dfrac{\sqrt{2}}{2} + 50 \times \left(\dfrac{\sqrt{6}}{4} + \dfrac{\sqrt{2}}{4}\right) = 25\dfrac{\sqrt{6}}{2} + 125\dfrac{\sqrt{2}}{2} \\[3mm] y_{O_C} = l_1\sin\theta_1 + l_2\sin(\theta_1+\theta_2) = 100 \times \dfrac{\sqrt{2}}{2} + 50 \times \left(\dfrac{\sqrt{6}}{4} - \dfrac{\sqrt{2}}{4}\right) = 25\dfrac{\sqrt{6}}{2} + 75\dfrac{\sqrt{2}}{2} \end{cases} \tag{8-2}$$

解法二：根据机器人运动学方程可知机械手的位姿为

$$T = \mathrm{Rot}(z_A,\theta_1)\,\mathrm{Trans}(l_1,0,0)\,\mathrm{Rot}(z_B,\theta_2)\,\mathrm{Trans}(l_2,0,0)$$

$$= \begin{bmatrix} \cos45° & -\sin45° & 0 & 0 \\ \sin45° & \cos45° & 0 & 0 \\ 0 & 0 & 1 & 0 \\ 0 & 0 & 0 & 1 \end{bmatrix} \begin{bmatrix} 1 & 0 & 0 & 100 \\ 0 & 1 & 0 & 0 \\ 0 & 0 & 1 & 0 \\ 0 & 0 & 0 & 1 \end{bmatrix} \begin{bmatrix} \cos(-30°) & -\sin(-30°) & 0 & 0 \\ \sin(-30°) & \cos(-30°) & 0 & 0 \\ 0 & 0 & 1 & 0 \\ 0 & 0 & 0 & 1 \end{bmatrix} \begin{bmatrix} 1 & 0 & 0 & 50 \\ 0 & 1 & 0 & 0 \\ 0 & 0 & 1 & 0 \\ 0 & 0 & 0 & 1 \end{bmatrix}$$

$$= \begin{bmatrix} \dfrac{\sqrt{6}}{4}+\dfrac{\sqrt{2}}{4} & \dfrac{\sqrt{2}}{4}-\dfrac{\sqrt{6}}{4} & 0 & 25\dfrac{\sqrt{6}}{2}+125\dfrac{\sqrt{2}}{2} \\[3mm] \dfrac{\sqrt{6}}{4}-\dfrac{\sqrt{2}}{4} & \dfrac{\sqrt{2}}{4}+\dfrac{\sqrt{6}}{4} & 0 & 25\dfrac{\sqrt{6}}{2}+75\dfrac{\sqrt{2}}{2} \\[3mm] 0 & 0 & 1 & 0 \\ 0 & 0 & 0 & 1 \end{bmatrix} \tag{8-3}$$

【思考与练习】

简述工业机器人正运动学计算的方法（以 2 关节机器人为例）。

任务二　工业机器人逆运动学计算

【任务描述】

　　逆运动学计算就是已知工业机器人末端执行器的位姿，求各关节变量的计算，也称为反向运动学计算。

【任务学习】

　　控制工业机器人时，为了使得末端执行器到达空间中给定的位置并满足姿态要求，需要知道满足此位姿时各关节的角度，从而控制各关节的电动机，这时需要进行工业机器人的逆运动学计算。

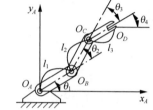

　　正运动学计算比较简单，而逆运动学计算要复杂一些，且存在无解或多个解的情况。

图 8-3　有 3 个关节的机器人

　　【例 8-2】某个机器人有 3 个关节，分别位于 O_A、O_B、O_C 点，机械手中心为 O_D 点，如图 8-3 所示。调整机器人各关节使得末端执行器最终到达指定位置（未沿 z 轴发生平移），坐标系 $\{A\}$ 中点 O_D 坐标为 $\left(\dfrac{9}{2}\sqrt{3},\ 12,\ 0\right)$，其中 $l_1=5$，$l_2=5$，$l_3=4$，$\theta_4=30°$，求机械手各个关节的角度 θ_1、θ_2、θ_3。

　　解：由题可知，第三关节的坐标可由末端执行器的坐标求得

$$
\begin{cases}
x_{O_C} = \dfrac{9}{2}\sqrt{3} - 4\cos 30° = \dfrac{5}{2}\sqrt{3} \\[2mm]
y_{O_C} = \dfrac{19}{2} - 4\sin 30° = \dfrac{15}{2}
\end{cases}
\tag{8-4}
$$

　　故 O_C 点到坐标系 $\{A\}$ 原点 O_A 的距离为

$$
l_{O_C}^2 = x_{O_C}^2 + y_{O_C}^2 = \left(\frac{5}{2}\sqrt{3}\right)^2 + \left(\frac{15}{2}\right)^2 = 75
\tag{8-5}
$$

　　由余弦定理可知 O_C 点到坐标系 $\{A\}$ 原点 O_A 的距离为

$$
\begin{aligned}
l_{O_C}^2 &= l_1^2 + l_2^2 - 2 \times l_1 \times l_2 \times \cos(\pi - \theta_2) \\
&= l_1^2 + l_2^2 - 2 \times l_1 \times l_2 \times (-\cos\theta_2) \\
&= 50 + 50\cos\theta_2
\end{aligned}
\tag{8-6}
$$

　　式（8-5）和式（8-6）合并可得 $\theta_2 = \pm 60°$。
　　又因为

$$
x_{O_C} = l_1\cos\theta_1 + l_2\cos(\theta_1 + \theta_2)
\tag{8-7}
$$

　　根据加法定理可知

$$
\frac{5}{2}\sqrt{3} = 5\cos\theta_1 + 5(\cos\theta_1\cos\theta_2 - \sin\theta_1\sin\theta_2)
\tag{8-8}
$$

当 $\theta_2 = 60°$ 时，$\cos\theta_2 = \dfrac{1}{2}$，$\sin\theta_2 = \dfrac{\sqrt{3}}{2}$，又根据三角函数的合成定理可知

$$\frac{5}{2}\sqrt{3} = \frac{15}{2}\cos\theta_1 - \frac{5\sqrt{3}}{2}\sin\theta_1 = \sqrt{\left(\frac{15}{2}\right)^2 + \left(\frac{-5\sqrt{3}}{2}\right)^2}\cos(\theta_1 - \alpha) \tag{8-9}$$

其中 $\alpha = \arctan\left(\dfrac{-1}{\sqrt{3}}\right) = -30°$，进而 $\cos(\theta_1 - \alpha) = \dfrac{1}{2}$，$\theta_1 - \alpha = \pm60°$。

故 $\theta_1 = \pm60° + \alpha$，$\theta_1 = 30°$ 或 $\theta_1 = -90°$（舍去）。

又因 $\theta_1 + \theta_2 + \theta_3 = 30°$，所以 $\theta_3 = -30°$。

当 $\theta_2 = -60°$ 时，同理可得 $\theta_1 = 90°$，$\theta_3 = 0°$，如图 8-4 所示。

该题也可采用机器人运动学方程求得，此处不详写。

实际应用中要考虑关节的活动范围，因为某些解是无法实

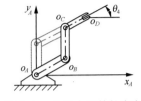

图 8-4 机器人可能的姿态

现的。一般在避免碰撞的前提下，遵循"最短行程"原则选择最优解。同时考虑工业机器人连杆尺寸的差异，遵循"多移动小关节，少移动大关节"的原则。

【思考与练习】

以 3 关节机器人为例简述工业机器人逆运动学计算的方法。

任务三　工业机器人雅克比矩阵计算

【任务描述】

工业机器人在运动过程中，通过控制各关节的速度，实现末端执行器按给定的方向及速度运动，因此需要知道各关节运动速度与末端执行器运动速度的关系，而两者之间的关系矩阵就是雅克比矩阵。

【任务学习】

以 2 关节的机器人（未沿 z 轴发生平移）为例，如图 8-5 所示，坐标系 {A} 中末端执行器中心点 O_C 的坐标值 x、y 与关节角位移 θ_1、θ_2 的关系为

$$\begin{cases} x = l_1\cos\theta_1 + l_2\cos(\theta_1 + \theta_2) \\ y = l_1\sin\theta_1 + l_2\sin(\theta_1 + \theta_2) \end{cases} \tag{8-10}$$

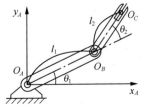

图 8-5 有 2 关节的机器人

根据加法定理可知

$$\begin{cases} x = l_1\cos\theta_1 + l_2(\cos\theta_1\cos\theta_2 - \sin\theta_1\sin\theta_2) \\ y = l_1\sin\theta_1 + l_2(\sin\theta_1\cos\theta_2 + \cos\theta_1\sin\theta_2) \end{cases} \tag{8-11}$$

求微分

$$\begin{cases} \mathrm{d}x = \dfrac{\partial x}{\partial \theta_1}\mathrm{d}\theta_1 + \dfrac{\partial x}{\partial \theta_2}\mathrm{d}\theta_2 \\ \mathrm{d}y = \dfrac{\partial y}{\partial \theta_1}\mathrm{d}\theta_1 + \dfrac{\partial y}{\partial \theta_2}\mathrm{d}\theta_2 \end{cases} \tag{8-12}$$

得

$$\begin{cases} \mathrm{d}x = l_1[\sin\theta_1 + \sin(\theta_1 + \theta_2)]\mathrm{d}\theta_1 - l_2\sin(\theta_1 + \theta_2)\mathrm{d}\theta_2 \\ \mathrm{d}y = l_1[\cos\theta_1 + \cos(\theta_1 + \theta_2)]\mathrm{d}\theta_1 + l_2\cos(\theta_1 + \theta_2)\mathrm{d}\theta_2 \end{cases} \tag{8-13}$$

写成矩阵形式

$$\begin{bmatrix} \mathrm{d}x \\ \mathrm{d}y \end{bmatrix} = \begin{bmatrix} -l_1[\sin\theta_1 + \sin(\theta_1 + \theta_2)] & -l_2\sin(\theta_1 + \theta_2) \\ l_1[\cos\theta_1 + \cos(\theta_1 + \theta_2)] & l_2\cos(\theta_1 + \theta_2) \end{bmatrix} \begin{bmatrix} \mathrm{d}\theta_1 \\ \mathrm{d}\theta_2 \end{bmatrix} \tag{8-14}$$

简写成
$$\mathrm{d}\boldsymbol{X} = \boldsymbol{J}\mathrm{d}\boldsymbol{\Theta}$$

$\boldsymbol{J}$ 为反映关节微小角位移 $\mathrm{d}\boldsymbol{\Theta}$ 与末端执行器微小位移 $\mathrm{d}\boldsymbol{X}$ 的关系，称为雅克比矩阵。

若对上式两边同时除以 $\mathrm{d}t$ 得

$$\frac{\mathrm{d}\boldsymbol{X}}{\mathrm{d}t} = \boldsymbol{J}\frac{\mathrm{d}\boldsymbol{\Theta}}{\mathrm{d}t} \text{或} \boldsymbol{v} = \boldsymbol{J}\boldsymbol{\omega} \tag{8-15}$$

$\boldsymbol{v}$ 表示末端执行器运动速度；$\boldsymbol{\omega}$ 表示关节运动角速度。

若已知关节的运动角速度，可计算出末端执行器的运动速度。反之，已知末端执行器的运动速度，也可求出关节的运动角速度为 $\boldsymbol{\omega} = \boldsymbol{J}^{-1}\boldsymbol{U}$。

【例 8-3】平面 2 自由度机械手第一关节的处 $\theta_1=30°$，第二关节处 $\theta_2=30°$，$l_1=10$，$l_2=8$，求雅克比矩阵 $\boldsymbol{J}$。若末端执行器的位移速度为 $v_x=-0.1\mathrm{m/s}$，$v_y=-0.1\mathrm{m/s}$，求关节处的角速度。

解：

$$\boldsymbol{J} = \begin{bmatrix} -l_1[\sin\theta_1 + \sin(\theta_1 + \theta_2)] & -l_2\sin(\theta_1 + \theta_2) \\ l_1[\cos\theta_1 + \cos(\theta_1 + \theta_2)] & l_2\cos(\theta_1 + \theta_2) \end{bmatrix}$$

$$= \begin{bmatrix} -10(\sin30° + \sin60°) & -8\sin60° \\ 10(\cos30° + \cos60°) & 8\cos60° \end{bmatrix} \tag{8-16}$$

$$= \begin{bmatrix} -5 - 5\sqrt{3} & -4\sqrt{3} \\ 5\sqrt{3} + 5 & 4 \end{bmatrix}$$

故由 $\boldsymbol{A} = \begin{bmatrix} a & b \\ c & d \end{bmatrix}$，$\boldsymbol{A}^{-1} = \dfrac{1}{ad - bc}\begin{bmatrix} d & -b \\ -c & a \end{bmatrix}$，可知

$$\boldsymbol{J}^{-1} = \begin{bmatrix} \dfrac{1}{10} & \dfrac{\sqrt{3}}{10} \\ \dfrac{-\sqrt{3} - 1}{8} & \dfrac{-1 - \sqrt{3}}{8} \end{bmatrix} \tag{8-17}$$

【思考与练习】

以 3 关节机器人为例说明工业机器人雅克比矩阵的计算方法。

项目总结

本项目以 2 关节工业机器人为例，介绍了工业机器人正运动学的计算方法；然后以 3 关节工业机器人为例，介绍了工业机器人逆运动学的计算方法；最后又以 3 关节工业机器人为例，介绍了工业机器人雅克比矩阵（各关节运动速度与末端执行器运动速度间的关系矩阵）的计算方法。项目八技能图谱如图 8-6 所示。

图 8-6　项目八技能图谱

项目习题

1. 已知工业机器人各关节变量，求末端执行器的位姿的计算为（　　）。

A. 正运动学计算　　B. 逆运动学计算　　C. 平移变换计算　　D. 旋转变换计算

2. 已知工业机器人末端执行器的位姿，求各关节变量的计算为（　　）。

A. 正运动学计算　　B. 逆运动学计算　　C. 平移变换计算　　D. 旋转变换计算

3. 对图 7-21 所示的 SCARA 机器人进行正、逆运动学分析。

4. 简要说明进行逆运动学分析时需遵循的原则。

应用拓展篇

项目九
工业机器人典型应用

项目引入

  工业机器人已广泛服务于各个领域，从简单的机器人系统，如工业机器人上下料，到复杂得多的机器人系统，如装配流水线，工业机器人可高耐力、高速度、高精度地完成作业任务。随着工业机器人技术水平的不断提高，其应用领域也将进一步扩大。

  在设计工业机器人应用系统时，除了考虑机器人本体外，还应根据应用的需要，选用相应的外围设备。以典型的工业机器人应用系统为例，在进行喷涂作业前，需为喷涂机器人工作站系统配备喷枪、传送带、工件检测装置等设备；在进行弧焊作业前，需为弧焊机器人工作站系统配备焊枪、焊丝进给装置、气体检测装置等设备。

  本项目的学习内容就是工业机器人的外围设备以及各种应用领域的工业机器人。

知识图谱

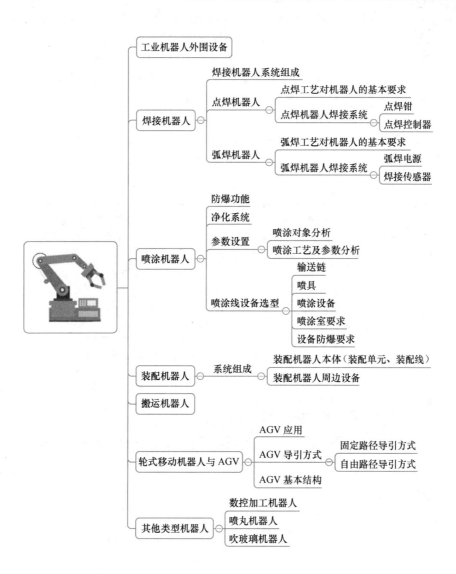

任务一　工业机器人外围设备

【任务描述】

工业机器人应用系统根据应用的不同，需配备相应的设备，辅助机器人完成作业。

工业机器人外围设备是指可以附加到机器人系统中用来辅助或加强机器人功能的设备。这些设备是除了机器人本身的执行机构、控制器、作业对象和环境之外的其他设备和装置，例如用于定位、装夹工件的工装，用于保证机器人和周围设备通信的装置等。

在一般情况下，灵活性高的工业机器人，其外围设备较简单，可适应产品型号的变化；反之，灵活性低的工业机器人，其外围设备较复杂，当产品型号改变时，需要付出高额的投资以更换外围设备。

外围设备的功能必须要与机器人的功能相协调，包括定位方法、夹紧方式、动作速度等，应根据作业要求确定机器人的外围设备，如表9-1所示。单一机器人是不可能有效工作的，它必须与外围设备共同组成一个完整的机器人系统才能发挥作用。

表 9-1　　　　　　　　　　　　机器人外围设备

作业内容	工业机器人的种类	主要外围设备
压力机上的装卸作业	固定程序式	传送带、送料器、升降机、定位装置、取出工件装置、真空装置、切边压力机等
切削加工的装卸作业	可编程序式 示教再现式	传送带、上下料装置、定位装置、翻送装置、专用托板夹持与输送装置等
压铸时的装卸作业	固定程序式 示教再现式	浇注装置、冷却装置、切边压力机、脱模剂涂敷装置、工件检测装置等
喷涂作业	示教再现式 连续轨迹控制（CP）	传送带、工件检测装置、喷涂装置、喷枪等
点焊作业	示教再现式 点位控制（PTP）	焊接电源、计时器、次级电缆、焊枪、异常电流检测装置、工具修整装置、焊透性检测装置、车型检测与辨别装置、焊接夹具、传送带、夹紧装置等
弧焊作业	示教再现式 连续轨迹控制（CP）	弧焊装置、焊丝进给装置、焊枪、气体检测装置、焊丝余量检测装置、焊接夹具、位置控制器、夹紧装置等

简述各类工业机器人的外围设备及其应用范围。

任务二　焊接机器人

本任务的内容是工业机器人在焊接上的应用，包括点焊和弧焊。

焊接机器人分为点焊机器人与弧焊机器人两种，如图9-1所示。焊接机器人是指能将焊接工具按要求送到预定空间位置，按要求轨迹及速度移动焊接工具的工业机器人。使用机器人进行焊接作业，可以保证焊接的一致性和稳定性，克服了人为因素带来的不稳定性，提高了产品质量。此外工人可以远离焊接场地，减少了有害烟尘、焊炬对工人的侵害，改善了劳动条件，减轻了劳动强度。同时采用机器人工作站，多工位并行作业，可以提高生产效率。

（a）弧焊机器人

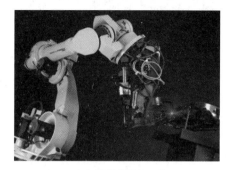
（b）点焊机器人

图 9-1　弧焊机器人与点焊机器人

一、焊接机器人系统组成

焊接机器人一般由机器人、变位机、远距离控制工作站、焊接电源及相关装置等组成，如图 9-2 所示。

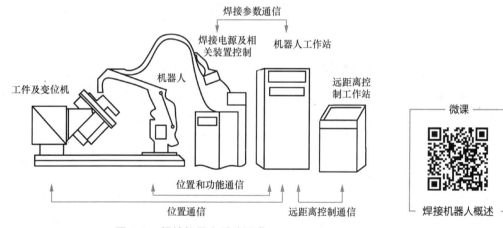

图 9-2　焊接机器人系统组成

机械手由一个 6 自由度机械臂组成，是焊接机器人系统的执行机构，能够精确地保证焊枪所要求的空间位置、姿态并实现其运动。由于具有 6 个旋转关节的关节式机器人已被证明能在机构尺寸相同的情况下获得最大的工作空间，并且能以较高的位置精度和最优的路径达到指定位置，因而这种类型的机器人在焊接领域得到广泛的应用。

变位机能将被焊接工件旋转（平移）到最佳的焊接位置。在焊接作业前和焊接过程中，变位机通过夹具来装夹和定位被焊工件，对工件的不同要求决定了变位机的负载能力及其运行方式。为了使机械手充分发挥效能，焊接机器人系统通常采用两台变位机，当其中一台进行焊接作业时，另一台则完成工件的装卸，从而提高整个系统的效率。

机器人控制器是整个机器人系统的神经中枢，如图9-3所示，它由计算机硬件、软件和一些专用电路组成，其软件包括控制器系统软件、机器人专用语言、机器人运动学及动力学软件、机器人控制软件、机器人自诊断及自保护软件等。控制器负责处理焊接机器人工作过程中的全部信息并控制其全部动作。

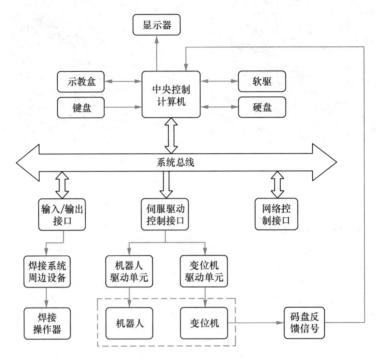

图 9-3　焊接机器人控制系统组成

焊接系统是焊接机器人完成作业的核心装备，由焊钳或焊枪、焊接控制器及水、电、气等辅助部分组成。其中焊接控制器根据预定的焊接监控程序完成焊接参数输入、焊接程序控制及焊接系统故障自诊断，并实现与机器人控制器的通信联系。

用于弧焊机器人的焊接电源及送丝设备由于参数选择的需要，必须由机器人控制器直接控制。在焊接过程中，尽管机械手、变位机等能达到很高的精度，但由于存在被焊工件几何尺寸和位置误差，以及焊接过程中产生的热引起的工件变形，因此传感器仍是焊接过程中（尤其是焊接大厚工件时）不可缺少的设备。焊接传感器实现工件坡口的定位、跟踪以及焊缝熔透信息的获取。安全设备是焊接机器人系统安全运行的重要保障，主要包括驱动系统过热自断电保护、动作超限位自断电保护、超速自断电保护、机器人系统工作空间干涉自断电保护及人工急停等。

中央控制计算机实现在同一层次或不同层次的计算机间形成通信网络，同时与传感系统相配合，实现焊接路径和参数的离线编程、焊接专家系统的应用以及生产数据的管理。安全设备可防止机器人伤人或损伤周边设备，包括驱动系统过热自断电保护、动作超限位自断电保护、机器人系统工作空间干涉自断电保护、人工急停断电保护以及各类触觉或接近觉传感器等。图9-4所示为汽车的机器人焊接生产线。

图 9-4　机器人焊接生产线

二、点焊机器人

微课

点焊机器人

在我国，点焊机器人约占焊接机器人总数的 46%，主要应用在汽车、农业机械、摩托车等行业，就其发展而言，尚处于第一代机器人阶段，其对环境的变化没有应变能力。

点焊机器人有直角坐标式、极坐标式、圆柱坐标式和关节式等，最常用的是直角坐标式简易型（2～4 个自由度）和关节式（5～6 个自由度）点焊机器人。关节式机器人既可落地式安装，也可悬挂式安装，占用空间比较小。驱动系统多采用直流或交流伺服电动机。

通常，装配一台汽车车身需要完成 4000～5000 个焊点。例如，某汽车厂采用了以 196 台 Unimate 通用型机器人为核心的柔性生产线焊接 K 型轿车，机器人完成 98% 的焊点焊接，仅少数焊点因机器人无法伸入车体内部而需手工完成焊接。该车型有二门轿车、四门轿车和面包车等，设置在生产线上的传感器可将车型信息通知机器人控制器，以选择适用于该车型的预先存储的任务程序并规定机器人的初始状态。

引入点焊机器人可以取代笨重、单调、重复的体力劳动；能更好地保证点焊质量，可长时间重复工作，提高工作效率 30% 以上；同时可以组成柔性自动生产系统，特别适合新产品开发和多品种生产，增强企业应变能力。

目前，相关人员正在开发一种新的点焊机器人系统，该系统可把焊接技术与 CAD/CAM 技术完美地结合起来，提高生产准备工作的效率，缩短产品设计投产的周期，使整个机器人系统取得更高的效益。这种系统拥有关于汽车车身结构信息、焊接条件计算信息和机器人机构信息等的数据库，CAD 系统利用该数据库可方便地选择焊钳和设计机器人配置方案，采用离线编程的方式规划路径。控制器具有很强的数据转换功能，能根据机器人本身的精度和工件之间的相对集合误差及时进行补偿，以保证足够的工作精度。

1. 点焊工艺对机器人的基本要求

在选用或引进点焊机器人时必须注意点焊工艺对机器人的基本要求。

① 点焊作业一般采用点位控制（PTP），其重复定位精度在 ±1mm 之间。

② 点焊机器人工作空间必须大于焊接所需的空间（由焊点位置及焊点数量确定）。

③ 根据工件形状、种类、焊缝位置选用焊钳。

④ 根据选用的焊钳结构（分离式、一体式、内藏式）、焊件材质与厚度及焊接电流（工频交流、逆变式直流等）波形选取点焊机器人额定负载，一般在 50～120kg。

⑤ 机器人应具有较高的抗干扰能力和可靠性（平均无故障工作时间应超过 2000h，平均修复时间不大于 30min）；具有较强的故障自诊断功能，例如可发现电极与工件发生"黏结"而无法脱开的危险情况，并能使电极沿工件表面反复扭转直至故障消除。

⑥ 点焊机器人示教记忆容量应大于 1000 点。

⑦ 机器人应具有较高的点焊速度（例如每分钟 60 点以上），它可保证单点焊接时间（含加压、焊接、维持、休息、移位等点焊循环）与生产线物流速度匹配，且其中 50mm 短距离（焊点间距）移动的定位时间应缩短在 0.4s 以内。

⑧ 需采用多台机器人时，应研究是否选用多种型号，以及与多点焊机并用等问题；当机器人布置间隔较小时，应注意动作顺序的安排，可通过机器人群控或相互间连锁作用避免干扰。

2. 点焊机器人焊接系统

对点焊机器人的要求一般基于两点考虑：一是机器人运动的定位精度，它由机器人机械手和控制器来保证；二是点焊质量的控制精度，它主要由机器人焊接系统来保证。

（1）焊钳

点焊机器人焊钳从用途上可分为 C 型和 X 型两种，通过机械接口安装在机械手末端。根据钳体、变压器和机械手的连接关系，可将焊钳分为分离式、内藏式、一体式 3 种。

① 分离式焊钳。钳体安装在机械手末端，阻焊变压器安装在机器人上方悬梁上，且可沿着机器人焊接方向运动，两者以粗电缆连接。其优点是可明显减轻手腕负荷，运动速度高，价格便宜。其主要缺点是机器人工作空间以及焊接位置受到限制，电能损耗大，并使手腕承受电线引起的附加载荷。

② 内藏式焊钳。阻焊变压器安装在机械手手臂内，显著缩短了二次电缆并减少了变压器容量。其主要缺点是机械手的机械设计较复杂。

③ 一体式焊钳。钳体与阻焊变压器集成安装在机械手末端，其显著优点是节省电能（约为分离式焊钳的 1/3），并避免了分离式焊钳的其他缺点。当然，它使机械手腕部必须承受较大的载荷，并影响了焊接作业的可达性。

机器人点焊钳与通常所采用的悬挂式电焊机的不同之处有以下几个方面。

一是具备双行程。其中短行程为工作行程，长行程为预行程，用于安装较大焊件、休整及更换和机器人焊接时跨越障碍。

二是具备扩力机构。为增加焊件厚度并减轻机器人负载，有时在钳体的机械设计中采用扩力式气压 - 杠杆传动加压机构（用于 X 型焊钳）或串联式增压气缸（用于 C 型焊钳）。

三是具备浮动装置。浮动式焊钳可以降低对工件定位精度的要求，有利于用户使用。同时，它也是防止点焊时工件产生波浪变形的重要措施。浮动机构主要有弹簧平衡系统（多用于 C 型焊钳）或气动平衡系统（多用于 X 型焊钳的浮动气缸）。

四是新型电极驱动机构。近年来出现的电动及伺服驱动加压机构，即伺服焊钳，可实现电极加压软接触，并可进行电极压力的实时调节，可显著提高点焊质量并减少点焊喷溅，例如安川点焊机器人所配置的伺服焊钳。

（2）点焊控制器

用于点焊机器人焊接系统中的点焊控制器，是一相对独立的多功能电焊微机控制装置，主要功能如下。

① 可实现点焊过程时序控制，顺序控制预压、加压、焊接、维持、休止等。

② 可实现焊接电流波形的调制，且其恒流控制精度在 1% ～ 2%。

③ 可同时存储多套焊接参数。

④ 可自动进行电极磨损后的阶梯电流补偿、记录焊点数并预报电极寿命。

⑤ 故障自诊断功能。对晶闸管超温，晶闸管单管导通，变压器超温，计算机、水压、气压、电极黏结等故障进行显示并报警，直至自动停机。

⑥ 可实现与机器人控制器及示教盒的通信联系，提供单加压和机器人示教功能。

⑦ 断电保护功能。系统断电后内存数据不会丢失。

点焊控制器与机器人控制器有 3 种结合方式。

一是中央结构型。它将点焊控制器作为一个模块安装在机器人控制器内，由主计算机统一管理并为焊接模块提供数据，焊接过程控制由焊接模块完成。这种结构的优点是机器人控制器集成度高，便于统一管理。

二是分散结构型。点焊控制器与机器人控制器分开设置，两者采用应答式通信联系。这种结构的优点是调试灵活，焊接系统可单独使用；但集成度不如中央结构型高。

三是群控系统。将多台点焊机器人与群控计算机相连，以便对同时通电的数台焊机进行控制。其优点是可实现部分焊机的焊接电流分时交错，限制电闸瞬时负载，稳定电网电压，保证点焊质量。为此，点焊机器人焊接系统都应增加"焊接请求"与"焊接允许"信号，并与群控计算机相连。

图 9-5 所示为 FANUC 点焊机器人实例。

目前，机器人点焊控制器正向着智能化方向迅速发展，主要表现在以下方面。

① 改进传统人机操作模式，提供友好人机对话界面。

② 根据所焊材质、厚度、焊接电流波形（即焊机类型），研制集成专家系统、人工神经网络、模糊技术等诸多人工智能方法相混合的电焊工艺设计与接头质量预测的智能混合系统，在软件方面实现机器人点焊质量控制；基于多传感器信息融合技术（如基于多传感器信息融合的智能 PID

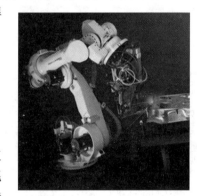

图 9-5 FANUC 点焊机器人

控制、Fuzzy-PID 控制等），在硬件方面实现机器人点焊多参数联合质量控制。

三、弧焊机器人

弧焊机器人的应用范围很广，除了汽车行业之外，其在通用机械、金属结构、航空、航天、机车车辆及造船等行业都有应用。目前应用的弧焊机器人适用于多品种中小批量生产，配有焊缝自动跟踪（例如电弧传感器、激光视觉传感器等）和熔池状控制系统等，可对环境的变化进行一定范围的适应性调整。

弧焊机器人机械本体常用的是关节式（5 ～ 6 个自由度）机械手。对于特大型工件（如机车车辆、船体、锅炉、大电机等）的焊接作业，为加大工作空间，往往将机器人悬挂起来或安装在运载小车上使用；

微课

弧焊机器人

驱动方式多采用直流或交流伺服电动机驱动。按焊接工艺又常将弧焊机器人分为熔化极（CO_2，MAG/MIG，药芯焊丝）弧焊机器人和非熔化极（TIG）弧焊机器人。此外，还有激光焊接机器人。影响弧焊机器人发挥作用的因素如图 9-6 所示。

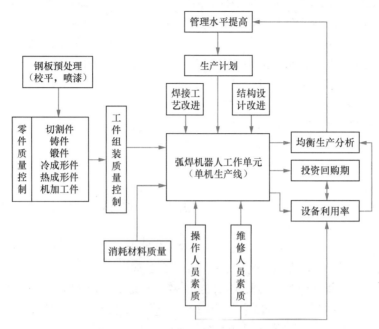

图 9-6　弧焊机器人考虑因素

当前，焊接生产自动化的主要标志之一是焊接生产系统柔性化，其发展方向是以弧焊机器人为主体，配合多自由度变位机及相关的焊接传感控制设备、先进的弧焊电源，在计算机的综合控制下精确跟踪空间焊缝及在线调整焊接参数，实现对熔池形状动态过程的智能控制，这使机器人制造厂家也面临着严峻的挑战。图 9-7 所示是弧焊机器人柔性加工单元（工作站），该系统由中央控制计算机、机器人控制器、弧焊电源、焊缝跟踪系统和熔透控制系统 5 部分组成，各部分由独立的计算机控制，通过总线实现各部分与中央控制计算机之间的双向通信。机器人具有 6 自由度，采用交流伺服驱动，基于工业 PC 构成机器人控制系统。弧焊电源采用专用的 IGBT（绝缘栅双极型晶体管）逆变电源，利用单片机实现焊接电流波形的实时控制，可满足 TIG 和 MIG（MAG）焊

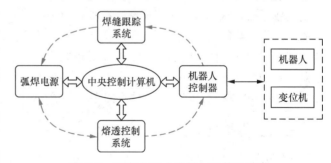

图 9-7　弧焊机器人柔性加工单元组成

接工艺的要求。焊缝跟踪系统采用基于三角测量原理的激光扫描式视觉传感器，除完成焊缝自动跟踪外，还可同时具备焊缝接头起始点的寻找、焊枪高度的控制及焊缝接头剖面信息的获取等功能，熔透控制系统利用焊接熔池谐振频率与熔池体积之间存在的函数关系，采用外加激振脉冲的方法实时检测与控制 TIG 焊缝熔透情况。

1. 弧焊工艺对机器人的基本要求

在选用或引进弧焊机器人及机器人工作站时，必须注意以下几点。

① 弧焊作业均采用连续轨迹控制（CP），其定位精度应在 ±0.5mm 之间。

② 必须使弧焊机器人可达到的工作空间大于焊接所需的工作空间，经常将机器人悬挂起来或安装在运载小车上使用。

③ 按焊件材质、焊接电源、弧焊方法选择合适种类的机器人。例如，焊接钢材一般选 CO_2/MAG 弧焊机器人；焊接不锈钢选 MIG 弧焊机器人，焊接铝材选用脉冲 TIG 弧焊机器人或 MIG 弧焊机器人等。

④ 正确选择周边设备，组成弧焊机器人工作站。弧焊机器人仅仅是柔性焊接作业系统的主体，还应有行走机构及小型和大型移动机架，以扩大机器人的工作范围。同时，还应设有各种定位装置、夹具及变位机。多自由度变位机应能与机器人协调控制，使焊缝处于最佳焊接位置（平焊、船形焊等）。

⑤ 弧焊机器人应具有以下重要相关功能：防碰撞及焊枪矫正，焊缝自动跟踪，熔透控制，焊缝始端检出，定点摆弧及摆动焊接，多层焊，清枪剪丝等。

⑥ 机器人应具有较高的抗干扰能力和可靠性（平均无故障工作时间应超过 2000h，平均修复时间不大于 30min；在额定负载和工作速度下连续运行 120h，工作应正常），并有较强的故障自诊断功能（例如，黏丝、断弧故障显示及处理等）。

⑦ 弧焊机器人示教记忆容量应大于 5000 点。

⑧ 弧焊机器人的抓重一般为 5 ～ 20kg，经常选用 8kg 左右。

⑨ 在弧焊作业中焊接速度及其稳定性是重要指标，一般情况下焊速取 5 ～ 50mm/s，只有在薄板高速 MAG 焊中焊接速度可能达到 4m/min 以上。因此，机器人必须具有较高的速度稳定性，在高速焊接中还对焊接系统中的电源和送丝机构有特殊要求（采用伺服焊枪、高速送丝机等）。

⑩ 离线示教方式的选择。由于弧焊工艺复杂，示教工作量大，现场示教会占用大量生产时间，因此弧焊机器人必须具有离线编程功能。其方法如下。

一是在生产线外另安装一台主导机器人，用它模仿焊接作业的动作，然后将生成的示教程序传送给生产线上的机器人。

二是借助计算机图形技术，在显示器（CRT）上按焊件与机器人的位置关系对焊接动作进行图形仿真，然后将示教程序传给生产线上的机器人。目前已经有多种这方面商品化的软件包可以使用，例如，ABB 公司提供的机器人离线编程软件 Program Maker。

随着计算机技术的发展，后一种方法将会越来越多地应用于生产中。

2. 弧焊机器人焊接系统

弧焊机器人焊接质量的保证主要依靠两点：一是保持焊枪运动轨迹正确，这是保证焊接质量的必要条件；二是焊接系统（弧焊电源及传感器等）性能要好，这是保证焊接质量的关键。

（1）弧焊电源

机器人要求配置的弧焊电源具有以下功能。

① 外特性控制。可通过不同算法获得恒流特性、恒压特性和其他不同形状外特性，以满足各种弧焊方法和场合的需要。

② 动特性控制。对于 CO_2 焊接短路过渡等负载状态变化较大的场合，要求能对短路电流上升率 di/dt 等进行控制，以使焊接过程平稳，减少飞溅。

③ 预置焊接参数。根据不同的焊丝直径、焊接方法、工件材料、形状、厚度、坡口形状等进行预置焊接参数，再现记忆，监控各组焊接参数，并根据需要实时变换参数。

④ 对焊接电流波形进行控制。通过软件设计，可获得各种适合焊接的脉冲电流波形，即

可对脉冲频率、峰值电流、基值电流、脉冲宽度、占空比及脉冲前后沿斜率进行任意控制，以便对电流功率实现精确控制。

⑤ 具有与中央计算机双向通信的能力。

20 世纪 70 年代出现的晶体管式电源曾长期作为弧焊机器人的配套电源广为使用，但由于其体积大、效率低等显著缺点，目前已被新发展起来的弧焊逆变电源所代替。同等容量的逆变焊机只有晶闸管整流焊机体积的 1/4，质量的 1/3，而效率可达 85% 以上，功率因数接近 1。更为重要的是，焊机的控制性能得到很大改善。例如，利用波形控制法，可以精确地控制 CO_2 焊熔滴过渡的每一阶段，以此设计的表面张力过渡（STT）逆变电源（美国 LIN-COLN 电气公司产品），基本可做到无飞溅焊接。实践证明，逆变式弧焊电源可以很好地满足机器人对焊接电源上述各种功能的要求。

新型弧焊机器人的逆变式弧焊电源采用积木式结构，硬件上保留逆变电源的本体（包括功率主电路和必要的电压、电流检测元件），通过编程由计算机软件来控制焊机的外特性、输出波形，因此更加适合焊接机器人的柔性加工特点。

目前，机器人专用逆变式弧焊机器人电源大部分独立布置在弧焊机器人系统里，也有一些集成在机器人控制器中。此外，还应注意焊接系统中送丝机的选择，例如，在碳钢和不锈钢焊接中通常应选择四轮驱动送丝机；而在焊铝材时一定要用推－拉丝双驱动送丝机，才能保证可靠地送丝；在脉冲 TIG 焊接机器人中可配备脉动送丝机。

（2）焊接传感器

当前最普及的焊缝跟踪传感器为电弧传感器，它利用焊接电极与工件之间的距离变化能引起电弧电流或电压变化这一物理现象来检测坡口中心，因不占用额外的空间而使机器人可达性好。同时，因其直接从焊丝端部检测信号，易于进行反馈控制，故信号处理也比较简单。它由于可靠性高、价格低而得到了较为广泛的应用。但该传感器必须在电弧点燃下才能工作，电弧在跟踪过程中还要进行摆动或旋转，故适用的接头类型有限，不能应用于薄板工件的对接、搭接、坡口很小等情况下的接头，在熔化极短路过渡模式下也存在应用上的困难。光学传感器，尤其是基于三角测量原理的激光视觉传感器系统却具有如下很多优点。

① 获取的信息量大，精度高，可以精确地获得接头截面集合形状和空间位置姿态信息，可同时用于接头的自动跟踪以及焊接过程的参数控制，还可用于焊后的接头外观检查。

② 检测空间范围大，误差容限大，焊接之前可以在较大范围内寻找接头。

③ 可自动检测和选定焊接的起点和终点，判断定位焊点等接头特征。

④ 通用性好，适用于各种接头类型的自动跟踪和参数适应控制，还可用于多层焊的焊道自动规划。

图 9-8 所示为某弧焊机器人实例。

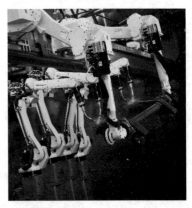

图 9-8　弧焊机器人实例

【思考与练习】

1. 简述焊接机器人系统的组成。

2. 简述点焊机器人的应用、优点、对机器人的要求以及今后的发展方向。

3. 简述弧焊机器人的应用、发展方向、对机器人的要求以及焊接系统组成部分（弧焊电源和传感器）的功能需求和优点。

任务三　喷涂机器人

【任务描述】

本任务的内容是工业机器人在喷涂上的应用。

【任务学习】

喷涂机器人是能自动喷漆或喷涂其他涂料的工业机器人，如图 9-9 所示。用机器人代替人进行喷漆势在必行，而且用机器人喷漆还具有节省漆料、提高劳动效率和产品合格率等优点。在我国工业机器人的发展历程中，喷涂机器人是比较早开发的项目之一，到目前为止，其广泛用于汽车车体、家电产品和各种塑料制品的喷涂作业。

微课

喷涂机器人

图 9-9　喷涂机器人

喷涂机器人主要由机器人本体、计算机和相应的控制系统组成，配有自动喷枪、供涂料装置、变更颜色装置等喷涂设备。该类机器人多采用五轴或六轴关节式结构，一般臂部具有较大运动空间，并可做复杂的轨迹运动。腕部一般有 2 ～ 3 个自由度，可灵活运动。较先进的喷涂机器人腕部采用柔性手腕，既可向各个方向弯曲，又可转动，其动作类似人的手腕，能方便地通过较小的孔伸入工件内部，喷涂工件内表面。另外，现在大部分的可编程喷涂机器人可以利用新的程序提出集成化的过程仿真，以此优化喷漆沉积厚度以及覆盖面积。

喷涂机器人一般分为液压喷涂机器人和电动喷涂机器人两类。

液压喷涂机器人的结构为六轴多关节式，工作空间大，腰回转采用液压马达驱动，手臂采用油缸驱动。手部采用柔性手腕结构，可绕臂的中心轴沿任意方向做 ±110° 转动，而且在转动状态下可绕腕中心轴扭转 420°。由于其腕部不存在奇异位形，所以能喷涂形态复杂的工件并具有很高的生产率。

近年来，由于交流伺服电动机的应用和高速伺服技术的发展，在喷涂机器人中采用电动机驱动已经成为可能。电动喷涂机器人的电动机多采用耐压或内压防爆结构，限定在 1 级危险环境（在通常条件下有生成危险气体介质的可能）和 2 级危险环境（在异常条件下有生成危险气体介质的可能）下使用。电动喷涂机器人一般有 6 个轴，工作空间大，手臂重量轻，结构简单，惯性小，轨迹精度高。电动喷涂机器人具有与液压喷涂机器人完全一样的控制功能，只是驱动改用交流伺服电动机，维修保养十分方便。

喷涂机器人的成功应用，给企业带来了非常明显的经济效益，产品质量得到了大幅度的提高，产品合格率达到 99% 以上，大大提高了劳动生产率，降低了成本，提高了企业的竞争力和产品的市场占有率。

1. 防爆功能

当喷涂机器人采用交流或直流伺服电动机驱动时，电动机运转可能会产生火花，电缆线与电器接线盒的接口等处，也可能会产生火花；而喷涂机器人用于在封闭的空间内喷涂工件内外表面，涂料的微粒在此空间中形成的雾是易燃易爆的，如果机器人的某个部件产生火花或温度过高，就会引燃喷涂间内的易燃物质，引起大火，甚至爆炸，造成不必要的人员伤亡和巨大的经济损失。因此，电动喷涂机器人防爆系统的设计非常重要，绝不可掉以轻心。

喷涂机器人的电动机、电器接线盒、电缆线等都应封闭在密封的壳体内，使它们与易燃气体隔离，同时配备一套空气净化系统，用供气管向这些密封的壳体内不断地运送清洁的、不可燃的、高于周围大气压的保护气体，以防止外界易燃气体的进入。机器人按此方法设计的结构称为通风式正压防爆结构。

2. 净化系统

机器人通电前，净化系统先进入工作状态，将大量的带压空气输入机器人密封腔内，以排除原有的气体，清吹过程中空气压力为 0.5MPa，流量为 $10 \sim 32m^3/h$，快速清洁操作过程所需时间为 $3 \sim 5min$，将机器人腔内原有的气体全部换掉，这样机器人电动机及其他部件通电时就能安全工作了。

快速清洁操作完成以后，净化系统进入维持工作状态，在这种状态下，此系统在机器人内维持一个非常微弱的正压力。腔体内气体有少量的泄漏时，不断输入的带压气体可进入腔内防止易燃气体的进入；如果泄漏过大，则净化系统无法保持正压力，易燃气体会进入机器人腔内。当腔内压力低于 0.07MPa 时，低压报警开关被触发，开关信号使得控制面板上的警报发光二极管报警，表示净化系统需要维修。当压力低于 0.5MPa 时，低压压力开关闭合，控制器切断机器人的动力源。

3. 参数设置

（1）喷涂对象分析

被喷涂零件的形状、几何尺寸是自动喷涂线的主要设计依据。

① 分析被喷涂零件的几何特征尺寸。一般几何特征尺寸是指最大喷涂面上的轮廓尺寸，根据这些参数选择喷涂设备的最大喷涂行程。

② 进行喷涂区域划分，计算喷涂面积。一般按近似六面体划分区域，并计算出每个区域的面积。根据喷涂面积大小和喷涂形面特征确定喷涂设备的类型。对较平整的喷涂面，可选择喷涂机喷涂；对形面较复杂或喷涂面法线方向尺寸变化较大的作业面，可选择机器人喷涂。

（2）喷涂工艺及参数分析

生产厂家根据被喷涂零件性能、作用及外观要求确定涂层质量要求。同时，根据这些要求确定满足质量保证的喷涂材料和工艺过程。自动喷涂线必须按照这些要求和工艺过程进行喷涂作业。

① 根据涂层厚度和质量要求决定喷涂遍数。

② 依据涂料材料的流动性和输送链的速度确定流平时间和区间距离。

③ 按照涂层光泽度要求和涂料物理性能（如黏度、电导率等）确定喷枪类型。

④ 根据节拍时间和喷涂设备的速度（空气喷枪为 $0.5 \sim 0.8m/s$、静电旋杯为 $0.3 \sim 0.5m/s$）、喷涂形状重叠（1/4 $\sim$ 1/3），计算每台设备在一个节拍内的喷涂面积，比较这个计算结果与喷涂区域分配面积的大小，如果计算结果小于喷涂区域分配面积，说明喷涂设备的喷涂能力不

足，需要增加设备。扩大喷涂能力的方法之一是在一台设备上安装多支喷枪。

4.喷涂线设备选型

（1）输送链

涂装线的输送链，对于前处理和电泳工位，一般选用悬挂链；对于涂层光泽度要求较高的喷涂、流平、烘干段，选用地面链；对于需仰喷的喷涂零件和光泽度要求不高的喷涂，选用悬挂链，这种链消耗动力少，维修方便。选用输送链时，还应满足承载能力和几何尺寸的要求。

（2）喷具

喷具的选择主要依据涂层的质量要求和涂料性能参数。表9-2是几种喷具的主要参数比较。

表 9-2　喷具的主要参数比较

喷枪类型	雾化形式	雾化效果	传递效率/%	喷嘴到工件距离/mm
空气喷枪	空气	一般	15~30	200~300
静电喷枪	空气	一般	45~75	250~300
无气喷枪	液压	差	20~40	300~370
旋杯静电喷枪	离心力	好	70~90	250~300
盘式静电喷枪	离心力	好	65~90	

选择喷具，除了采用常规方法之外，对于一般仿形自动喷涂机和自动喷涂机，尽可能采用静电喷枪；对于机器人，通常采用空气喷枪。自动喷枪的自动换色系统一般都要配置自动清洗功能，在喷涂过程中定时清洗，以保证喷嘴的喷涂状态一致、喷涂质量一致。

（3）喷涂设备

① 被喷形面凸凹变化较大、形状复杂，应选用六轴通用机器人，否则可选用自动喷涂机或仿形机。

② 设备的工作范围和运动参数必须满足喷涂工艺要求。

③ 设备的功能参数和控制器必须实现自动控制。

④ 根据工艺参数分析，确定设备数量。

（4）喷涂室要求

① 自动喷涂线配置的喷涂室，除了满足一般涂装工艺要求外，喷涂室里的动力设备还应受总控制台控制，并实现连锁控制。

② 喷涂室风速应按表9-3设计。

③ 对于静电喷涂作业，喷涂室所有导电体必须接地，喷涂设备及其运动件必须接地良好。

④ 喷涂室内自动喷涂设备周围应有标志和栅栏，以防止人在设备工作时误入工作区，发生事故。

表 9-3　喷涂室设计风速

喷枪雾化形式	风速/m·s⁻¹
离心雾化	0.1~0.3
液压雾化	0.2~0.3
空气雾化	0.3~0.4

（5）设备防爆要求

机器人自动喷涂线内的电气设备必须具备防爆功能。一般防爆结构采用本质安全型、隔爆型和正压型防爆结构。对于较难实现防爆结构的电气设备（如控制柜和总控台）一般采用隔离结构，把其放置在危险区以外的控制室内。

图 9-10 所示为某喷涂机器人实例。

图 9-10　喷涂机器人实例

【思考与练习】

1. 简述喷涂机器人的应用、组成、结构和分类。

2. 喷涂机器人防爆功能是如何实现的？

3. 如何清洁喷涂机器人净化系统？

4. 如何设置喷涂机器人参数？

5. 如何选择喷涂设备？

任务四　装配机器人

【任务描述】

本任务的内容是工业机器人在装配上的应用。

【任务学习】

微课

装配机器人

装配是产品生产的后续工序，在制造业中占有重要地位，在人力、物力、财力消耗中占有很大比例，作为一项新兴的工业技术，装配机器人应运而生。装配机器人是专门为装配而设计的工业机器人，是可以完成一种产品或设备的某一特定装配任务的工业机器人，属于高、精、尖的机电一体化产品，它是集光学、机械、微电子、自动控制和通信技术于一体的高科技产品，具有很强的功能和很高的附加值，如图 9-11 所示。

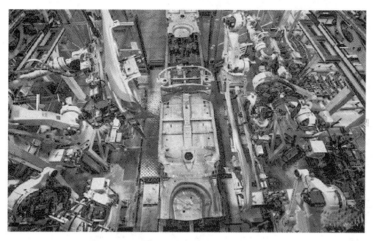

图 9-11　装配机器人、人工装配及专用装配机械

统计资料表明，在现代工业化生产过程中，装配作业所占的比例日益增大，达到 40% 左右，作业成本占到产品总成本的 50%～70%，因此装配作业成了产品生产自动化的焦点。一般来说，要实现装配工作，可以用人工装配、专用装配机械和装配机器人 3 种方式。如果以装配速度来比较，人工装配和装配机器人都不及专用装配机械。如果装配作业内容改变频繁，那么采用装配机器人的投资要比专用装配机械经济。此外，对于大量、高速的生产，采用专用装配机械最为有利；对于大件、多品种、小批量的生产，人又不能胜任的装配工作，则采用装配机器人较为合适。例如 30kg 以上重物的安装，单调、重复及有污染的作业，在狭窄空间的装配等，这些需要改善工人作业条件，提高产品质量的作业，都可采用装配机器人来实现。

自动装配作业主要是将一些对应的零件装配成一个部件或产品，包括零件的装入、压入、铆接、嵌合、黏结、涂封和拧螺钉等作业；此外还有一些为装配工作服务的作业，如输送、搬运、码垛、监测、安置等工作。所以一个具有柔性的自动装配作业系统基本上是由以下几部分构成的。

① 工件的搬运：识别工件，将工件搬运到指定的安装位置，将工件高速分流输送等。

② 定位系统：决定工件、作业工具的位置。

③ 零件或装配所使用的材料的供给。

④ 零部件的装配。

⑤ 监测和控制。

据此，要求装配机器人应具有高性能、可靠性、通用性，操作和维修容易，人工容易介入，成本及售价低，经济合理等特点。与一般的工业机器人比较，装配机器人还应具有精度高、柔顺性好、工作范围小、能与其他系统配套使用等特点。

以装配机器人为主构成的装配作业自动化系统近年来获得迅猛发展，主要用于电器制造、小型电动机、汽车及其部件、计算机、玩具、机电产品及其组件的装配等方面，如美国、日本等国家的汽车装配生产线上采用机器人来装配汽车的零部件，在电子电器行业中用机器人来装配电子元件和器件等。

在汽车装配中，处理和定位金属薄板，安装传送发动机、车身框架等大部件对工人来说有相当的风险，需要消耗很大体力。为适应现代化生产、生活需要，使用装配机器人（见图9-12）可以轻松自如地将发动机、后桥、油箱等大部件自动运输、装配到汽车上，极大地提高了生产效率，改善了劳动条件。

实际上从最开始，车身装配就在机器人应用实例中占据了主导地位。如图 9-13 所示，一个车身装配通常采用如下步骤：金属板压出车体，进行固定和拼接，点焊以及喷涂车体，最终装配成车体（车门、仪表板、风窗玻璃、电动座椅和轮胎等）。在冲压环节，金属薄板被切成了准备装入车身仪表板的平板。在随后的步骤中，机器人将这些平板放在固定仪表板的托盘上，供其他机器人进行焊接。在检验好后这些焊接好的车身由传送带传送到喷涂车间。喷涂之后的车身在正确时间放在装配线上，机器人按序将底盘、发动机和驱动器、座椅、门等部件一一组合装配到车上。

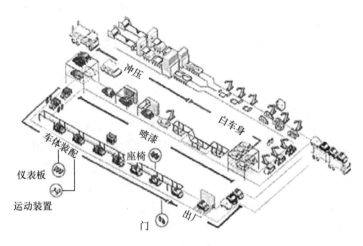

图 9-12　装配机器人　　　　　　　　　图 9-13　车体装配

汽车工厂每天使用 1000 个以上的机器人工作 2 ~ 3 班。三班连续操作需要机器人和设备都有最高的可靠性。典型的平均无故障时间（MTBF），大约为 50000h。

装配机器人是柔性自动化装配系统的核心设备，由机器人操作机、控制器、末端执行器和传感系统组成。末端执行器为适应不同装配对象而设计成各种手爪和手腕等。传感系统用来获取装配机器人与环境、装配对象之间相互作用的信息。

装配机器人的系统组成如下。

（1）装配机器人本体（装配单元、装配线）

水平多关节机器人是装配机器人的典型代表。它共有 4 个自由度：两个回转关节，上下移动以及手腕的转动。最近开始在一些机器人上装配各种可换手爪，以增加通用性。手爪主要有电动手爪和气动手爪两种形式。气动手爪相对来说比较简单，价格便宜，因而在一些要求不太高的场合用得比较多。电动手爪造价比较高，主要用在一些特殊场合。

带有传感器的装配机器人可以更好地顺应对象物进行柔软的操作。装配机器人经常使用的传感器有视觉传感器、触觉传感器、接近觉传感器和力传感器等。视觉传感器主要用于零件或工件的位置补偿，零件的判别、确认等。触觉传感器和接近觉传感器一般固定在指端，用来补偿零件或工件的位置误差，防止碰撞等。力传感器一般装在腕部，用来检测腕部受力情况，一般在精密装配或去飞边一类需要力控制的作业中使用。

（2）装配机器人周边设备

机器人进行装配作业时，除机器人主机、手爪、传感器外，零件供给装置和工件输送装置也至为重要。无论从投资额的角度还是从安装占地面积的角度，它们往往比机器人主机所占的比例大。周边设备常用可编程控制器（PLC）控制，此外一般还要有台架和安全栏等设备。

① 零件供给装置。零件供给装置主要有给料器和托盘等。给料器的作用是用振动或回转机构把零件排齐，并逐个送到指定位置。大零件或者容易磕碰划伤的零件加工完毕后一般应放在称为"托盘"的容器中运输。托盘装置能按一定精度要求把零件放在给定的位置，然后再由机器人逐一取出。

② 输送装置。在机器人装配线上，输送装置承担把工件搬运到各作业地点的任务，零件供给装置把零件放在输送装置中传送。

【思考与练习】

1. 简述装配机器人的应用。
2. 简述自动装配作业系统的构成。
3. 简述自动装配作业系统装配机器人的要求。
4. 简述装配机器人的系统组成。

任务五　搬运机器人

【任务描述】

本任务的内容是工业机器人在搬运上的应用。

【任务学习】

在建筑工地、海港码头，总能看到桥式起重机的使用，应当说桥式起重机装运比工人肩扛手抬已经进步了很多，但这只是机械代替了人力，或者说桥式起重机只是机器人的雏形，它还得完全依靠人操作和控制定位等，不能自主作业。

微课

搬运机器人

最早的搬运机器人出现在 1960 年的美国，Unimate 和 Versatran 两种机器人首次用于搬运作业，利用工具，将工件从一个位置移动到另一个位置。在搬运机器人上安装不同的末端执行器，可以完成各种不同形状和状态工件的搬运工作。如图 9-14 所示，机器人能够自主作业，用"吸盘"吸住纸箱进行搬运。

一般来说，对搬运机器人的定位精度要求不是很高。目前世界上使用的搬运机器人超过10 万台，被广泛应用于机床上下料、冲压机自动化生产线、自动装配流水线、码垛搬运、集装箱等的自动搬运。

如图 9-15 所示，ABB 机器人公司推出的 FlexPicker 被用于糕点包装的流水线，实现将糕点放在传送带上，机器人手爪上糕点的位置必须与软包装盒糕点应放的位置一一对应，利用摄像机对传送带上的糕点位置定位，并将数据传给机器人，机器人将传送带上的糕点小心翼翼地逐个取下，手爪的动作既灵活又准确，效率极高。

图 9-14　搬运机器人

图 9-15　FlexPicker 机器人

【思考与练习】

简述搬运机器人的发展、特点和应用。

任务六　轮式移动机器人与 AGV

【任务描述】

本任务的内容是轮式移动机器人和无人自动引导车（AGV）的应用。

【任务学习】

轮式移动装置是无轨行走方式中的一种。轮式移动装置与履带式行走机构、两足和多足步行机构、蠕动爬行、水下螺旋桨推进、吸附攀登等其他无轨行走机构有较大的差异。AGV、轮式移动机器人等都属于轮式行走方式，其移动装置的基本要求如下。①从某工作地点移动到另一个工作地点，具有一定的定位精度。②根据工作任务要求能正确定向，并具有一定的定向精度。③能回避障碍和避免碰撞，具有一定的机动性和灵活性。④具备一定的行走速度，具有较高的工作效率。⑤具有良好的行走稳定性和作业的稳定性。⑥具有一定的运输能力，自重与承载比小。⑦具有非接触式导行能力。

微课

轮式移动机器人与
AGV 小车

工业机器人中的轮式移动机器人主要应用在路面情况良好的场合，它可以在一个较大的范围内行走，并完成指定的作业。轮式移动机器人与固定式机器人相比多了一套包括导引系统在内的复杂的轮式移动装置。轮式移动装置可以独立设置，这时轮式移动机器人就由作业机器人和轮式移动装置两大模块组成。图 9-16 所示为轮式移动机器人。在它的导航系统中使用了超声传感器，其目的有两个：

一是探测移动机器人附近的障碍；

二是确定移动机器人在环境中的位置。

并且，该导航系统使用了一个声波反射器的装置，从而可以对传感器进行标定，补偿环境引起的信息参数变化。

　　自动导引小车被看作是一种性能比较完备的轮式移动装置。无人自动引导车（AGV）与机器人结合可构成移动机器人。专家预测可移动机器人将是未来机器人市场中具有最大发展前景的领域之一，每年的增长率可达 10% 以上。图 9-17 所示为一辆 AGV，它能在作业区内按指定的路线行驶。

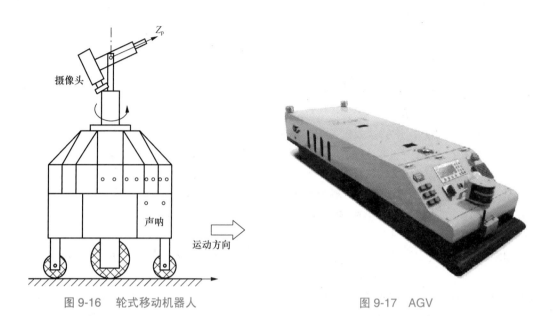

图 9-16　轮式移动机器人　　　　　　　　　　图 9-17　AGV

1. AGV 应用

　　AGV 是现代制造业物流系统的关键装备。它是以电池为动力，装有非接触导向装置，具有独立寻址系统的无人驾驶自动运输车。并且，AGV 可以十分方便地与其他物流系统实现自动连接，如 AS/RS（出 / 入库）、如各种缓冲站、升降机、机器人等。

　　世界上第一台 AGV 是美国 Barrett 电子公司于 20 世纪 50 年代开发成功的。它是一种牵引式小车系统，小车跟随一条钢丝索导引的路径行驶。20 世纪 60 年代和 70 年代初，由于欧洲公司对托盘的尺寸与结构进行了标准化，因此促进了 AGV 的发展。欧洲的 AGV 技术于 20 世纪 80 代初通过在美国的欧洲公司以许可证与合资经营的方式转移到美国。1984 年，美国通用汽车公司成为 AGV 的最大用户。美国各公司在欧洲技术的基础上将 AGV 发展到更为先进的水平，它们采用更先进的计算机控制系统，运输量更大，移载时间更短，具有在线充电功能，以便 24h 运行，小车和控制器的可靠性更高。日本的第一家 AGV 工厂，于 1966 年由一家运输设备制造厂与美国的 Web 公司合资开设，以后，如大福、FANUC、村田（Murata）等许多公司都成立了 AGV 制造厂家。

　　我国的 AGV 发展历史较短。1975 年北京起重运输机械研究所完成了我国第一台电磁导引定点通信的 AGV，1989 年北京邮政科学研究规划院完成了我国第一台双向无线电通信的 AGV。此后，沈阳自动化研究所为沈阳金杯汽车厂生产了数台用于装配线上的 AGV，这成为 AGV 我国在汽车工业中比较成功的应用实例，清华大学独立研制的自由路径自动导向 AGV 在路径跟踪研究方面具有较高的水平。目前，国产的和从国外引进的 AGV 已经在越来越多的工厂、大型仓库等场所及邮政等行业中得到应用。

AGV 在制造业和非制造业的自动化作业中都得到了良好的应用。其在制造业中主要用于物料分发、装配和加工制造 3 个方面。在柔性制造系统（FMS）中，制造单元之间的物料搬运是加工制造业中 AGV 应用的重要方式，就 AGV 的数量和重要性来说，装配作业是 AGV 的最为主要的用户，汽车工业是 AGV 的应用大户。

AGV 在制造业的应用与机器人有着不可分割的联系。在重型机械行业中，AGV 要求承载量大，通常为 2.2～4.5t，最大者可达 6.3t。在 AGV 上配备大型机器人，用以对如飞机骨架之类的大型金属构件进行喷漆，是其在重型行业中的应用之一。

在非制造业中，AGV 的应用越来越普遍。现代化的医院安装 AGV 系统，把药物、医疗用品、生活用品从中央物料管理中心输送到医院的各个部门。邮政部门应用 AGV 将邮件从进区台输送到处理台，从处理台输送到出区台。大型的办公大楼和大宾馆也开始采用 AGV 系统，用来分送物品。在非制造业中，AGV 的应用与机器人也有着不可分割的联系。AGV 可作为机器人的"脚"，使机器人在更大的范围内自动完成作业，如在 AGV 上配备机器人用于光整水泥地面，在具有核辐射危险的地方用 AGV 机器人进行核材料的搬运。

2. AGV 导引方式

AGV 是否能按照预定的路径行驶取决于外界是否有正确导引。对 AGV 进行导引的方式可分为两大类，固定路径导引方式和自由路径导引方式。

（1）固定路径导引方式

固定路径导引方式即在预定行驶路径上设置导引用的信息媒介物，运输小车在行驶过程中实时检测信息媒介物的信息而得到导引。因导引用的信息媒介物不同产生了不同的固定路径导引方式。现主要有电磁导引、光学导引、磁带导引和金属带导引等。

电磁导引如图 9-18（a）所示，它是工业用 AGV 系统中最为广泛、最为成熟的一种导引方式。它需在预定行驶路径的地面下开挖地槽并埋设电缆，通以低压、低频电流。该交流电信号沿电缆周围产生磁场，AGV 上装有两个感应线圈，可以检测磁场强弱并以电压表示出来。比如，当导引轮偏离到导线的右方，则左侧感应线圈可感应到较高的电压，此信号控制导向电动机，使 AGV 的导向轮跟踪预定的导引路径。电磁导引方式具有不怕污染、电缆不会遭到破坏、便于通信和控制、停位精度较高等优点。但是这种导引方式需要在地面开挖沟槽，改变和扩充路径也比较麻烦，并且路径附近的铁磁体可能会干扰导引功能。

光学导引如图 9-18（b）所示，在地面预定的行驶路径上涂以与地面有明显色差的具有一定的宽度的漆带，AGV 上光学检测系统的两套光敏元件分别处于漆带的两侧，用以跟踪 AGV 的方向。当 AGV 偏离导引路径时，两套光敏元件检测到的亮度不等，由此形成信号差值，用来控制 AGV 的方向，使其回到导引路径上。光学导引方式的导引信息媒介物比较简单，漆带可在任何类型的地面上涂置，路径易于更改与扩充。

磁带导引如图 9-18（c）所示，以铁氧磁体与树脂组成的磁带代替漆带，AGV 上装有磁性感应器，形成了磁带导引方式。

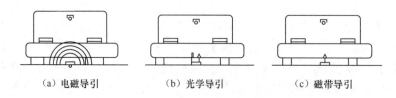

（a）电磁导引　　　　　（b）光学导引　　　　　（c）磁带导引

图 9-18 AGV 移动的导引方式

金属带导引如图 9-19 所示,在地面预定的行驶路径上铺设极薄的金属带,金属带可以用铝材,用胶将其牢牢地粘在地面上。采用能检测金属的传感器作为方向导引传感器,用于 AGV 与路径之间相对位置改变信号的检测,通过一定的逻辑判断,控制器发出纠偏指令,从而使 AGV 沿着金属带铺设的路径行走,完成工作任务。常用的检测金属材料的传感器有涡流型、光电型、霍尔型和电容型等。涡流型传感器对所有金属材料都起作用,对金属带表面要求也不高,故采用涡流型传感器检测金属带为好,如图 9-20 所示。图 9-21 表示一组方向导引传感器,由左、中、右 3 个涡流型传感器组成,并用固定支架安装在小车的前部。金属带导引是一种无电源、无电位金属导引,既不需要给导引金属带供给电源信号,也不需要将金属带磁化,金属带粘贴非常方便,更改行驶路径也比较容易,同时在环境污染的情况下,导引装置对金属带仍能有效地起作用,并且金属带极薄,并不造成地面障碍。所以,与其他导引方式相比,金属带导引是固定路径导引方式中可靠性高、成本低、简单灵活,适合工程应用的一种 AGV 导引技术。

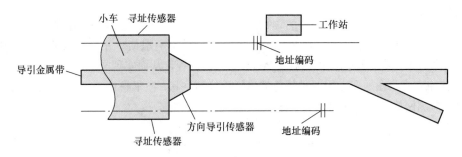

图 9-19　AGV 金属带导引

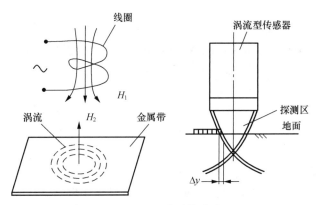

图 9-20　涡流型传感器

(2)自由路径导引方式

自由路径导引方式即在 AGV 上储存着行驶区域自由路径导引方式布局上的尺寸坐标,通过一定的方法识别车体的当前方位,使运输小车自主地决定路径而向目标行驶。自由路径导引方式主要有路径轨迹推算导引法、惯性导引法、环境映射导引法、激光导航导引法等。

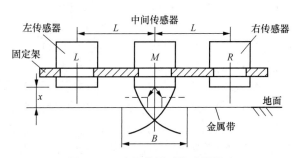

图 9-21　金属带导引传感器探头

① 路径轨迹推算导引法。安装于车轮上的光电编码器组成差动仪，测出小车每一时刻车轮转过的角度以及沿某一方向行驶过的距离。在 AGV 的计算机中储存着距离表，通过与测距法所得的方位信息比较，AGV 就能算出从某一参数点出发的移动方向。其最大的优点在于改动路径布局时具有极好的柔性，只需改变软件即可；而其缺点在于驱动轮的滑动会造成精度降低。

② 惯性导引法。在 AGV 上装有陀螺仪，导引系统从陀螺仪的测量值推导出 AGV 位置信息，车载计算机算出相对于路径的位置偏差，从而纠正小车的行驶方向。该导引系统的缺点是价格昂贵。

③ 环境映射导引法。其也称为计算机视觉法。通过对周围环境的光学或超声波映射，AGV 周期性地产生周围环境的当前映像，并将其与计算机系统中存储的环境地图进行特征匹配，以此来判断 AGV 自身的当前方位，从而实现正确行驶。环境映射导引法的柔性好，但价格昂贵且精度不高。

④ 激光导航导引法。在 AGV 的顶部放置一个沿 360°按一定频率发射激光的装置，同时在 AGV 四周的一些固定位置上放置反射镜片。当 AGV 行驶时，不断接收从 3 个已知位置反射来的激光束，经过运算就可以确定 AGV 的正确位置，从而实现导引。

⑤ 其他方式。在地面上用两种颜色的涂料涂成网格状，在车载计算机中存储地面信息图，由摄像机探测网格信息，实现 AGV 的自律性行走。

3. AGV 基本结构

AGV 由车架、蓄电池和充电系统、驱动装置、转向装置、精确停车装置、车上控制器、通信装置、安全装置、移载装置、车体方位计算子系统等组成。

（1）车架

车架由钢构件焊接而成，为减轻重量可蒙以硬铝合金板。为了降低车辆的重心，车架的下层以布置动力源和驱动装置为主，并给予适当的分隔，以便检修；上层以布置车载计算机、控制按键和显示屏、移载装置为主。

（2）蓄电池

蓄电池常用 24V 或 48V 工业蓄电池。蓄电池可在 AGV 的各停泊站无时间限制地随时充电，或当蓄电池电荷降至规定范围时，AGV 退出服务区进入指定的充电区实施充电作业。

（3）驱动装置

驱动装置由车轮、减速器、制动器、电动机和速度控制器等部分组成，驱动小车行走并具有速度控制和制动能力。AGV 的驱动命令由计算机或人工控制器发出。车轮速度调节可采用不同的方法，如脉宽调速或变频调速等。小车驱动速度的大小与方向是两个独立的变量，分别由计算机控制，直线行走速度常高达 1m/s，拐弯时为 0.2～0.6m/s，接近停位点时为 0.1m/s。为了安全，制动采用电气解脱松开的方法，制动器的制动力由弹簧产生，这样在发生紧急电故障时仍能提供有效的制动力。紧急停车继电器的通断状态应由独立于计算机之外的如车挡和按钮等安全开关来确定。

（4）转向装置

转向装置是执行导引系统和车载控制器命令来实现 AGV 方向控制的重要机构。AGV 的方向控制与 AGV 的运行方式有密切关系。单向前进行驶方式的 AGV 不能按原行驶路线返回，只能向前行驶并转向返回。前进与后退双向行驶方式的 AGV 就比较灵活，可以按原行驶路线返回。全方位行驶方式的 AGV 既可做纵向、横向和斜向上的双向行驶运动，也可做原地回转的运动，机动性特别好。转向方式有铰轴转向式和差速转向式两种。铰轴转向式的方向轮装在转向铰轴上（如自行车的前轮），或装在某个机构上（如汽车的方向轮装在双摇杆机构上）。差速转向式是在 AGV 的左、右轮上分别装上两个独立的驱动电动机，通过控制左、右轮的速度比来实现车体的转向，为保持车体稳定的非驱动轮在旋转和取向上都是不加限制的自由轮。AGV 转向装置的结构与 AGV 运行方式和转向方式有关。

（5）精确停车装置

精确停车装置对 AGV 顺利作业是十分重要的。当要求 AGV 精确定位时，停位允许误差一般应在 ±0.2mm 之间。如此高的停位精度往往需要采用三级停位控制。

① 识别到接近目标地址的信息码后，AGV 自动减速并自然停下，其停位误差一般是 ±（10 ～ 15）mm。

② 识别到目标地址的信息码后，AGV 在光学或其他类型传感器的控制下进行进或退的蠕动，以便进一步停准，停位精度可达 ±5mm。

③ 最后使用机械装置，如定位板下降使其上的锥孔进入地面上的锥销而实现精确的机械锁定，达到 ±（0.1 ～ 1）mm 的最终停位精度。

（6）车上控制器

车上控制器类似于机器人控制器，它从地面站接收指令并报告自己的状态，通常对小车实施以下监控：手动控制、安全装置启动、蓄电池状态、转向极限、制动器解脱、行走灯光、驱动和转向电动机控制、充电接触器控制等。

（7）通信装置

通信装置用来完成 AGV 与地面站之间的通信。AGV 接收车外地面站控制器发出的指令并存储在车载计算机上，AGV 的状态信息也随时送回地面控制器，向地面站报告。通信系统有连续方式和分散方式两种。连续式通信系统常采用无线电、激光的通信方法，允许 AGV 在任何时候和任何位置使用射频方法或使用在导引路径内的通信电缆收发信息。一般来说，连续通信易受到干扰，工业环境中的强射频干扰可以使通信中断或失真。分散式通信系统只是在预定的通信地点如停泊站等，与特定的地面控制器之间进行通信。分散式通信系统的明显缺点是 AGV 在两个通信地点之间发生故障时，将无法与地面站取得联系。

（8）安全装置

安全装置既要对 AGV 自身进行保护，又要对人和地面设备实现保护。接触式保护装置主要是与安全开关接通的安全挡圈，遇到碰撞后产生故障信号，AGV 采取紧急制动等应急措施。非接触式保护装置采用超声波或红外线进行障碍探测，距离小于某一特定值时可发出警报，并减速或停止。在 AGV 上适当的位置装上带有醒目标记的紧急停车按钮也是十分必要的。

（9）移载装置

若 AGV 上配置有机器人，那么如搬运、喷漆等作业由机器人来完成，AGV 可看作一个会行走的机器人底座，或只是当作机器人的"脚"。若 AGV 当作物料运输小车，那么将物料装到 AGV 上或从 AGV 上取下的移载操作就需要由 AGV 上配置的移载装置来完成。一般来说，自动移载装置由升降台和移载机构两部分组成。升降台常用液压传动方式，使物料处于适当的高度。移载机构可以是链传动机构、动力滚道、带传动机构等，常采用电动机驱动和减速机构。我国金杯汽车股份有限公司为提高进口的海狮小客车生产线的效率，降低劳动强度，使用了 9 台装配型 AGV 组成客车发动机、后桥及油箱运载装配环线，配合总装线实现动态装配的先进生产工艺。该发动机装配环线上使用的装配型 AGV 配置有自动举升装置，其举升到一定高度后装配线上相应工位即可作业，故不再另设移载装置，也不再配置机器人。其工作过程为：控制台接收到悬链上面的装车车体位置信号后，随即调度载有发动机的 AGV，按设定的时间、速度进入车体下方——发动机装配工位，并按照装配线的节拍，使 AGV 保持稳定的跟踪状态；AGV 自动举升装置上的发动机到达预定位置，工人控制举升机构将发动机举到车体下方的安装位置，工人只需紧固螺栓，完成发动机的安装；升降机构自动下降，AGV 迅速离开装配工位，到加载站再次装载发动机，完成一次工作循环。

（10）车体方位计算子系统

车体方位计算子系统对于自由路径导引的 AGV 来说是十分必要的，它用来完成车体方位的计算工作。车体方位信息通过串行通信传给车上的控制器，然后再以无线通信方式传给地面监控系统以实现对 AGV 自由路径跟踪的实时监控。地面监控系统也可对车体方位计算子系统进行操作，如初始化、重置车体方位、消除积累误差等。

【思考与练习】

1. 轮式移动装置的基本要求有哪些？
2. 简述 AVG 的应用、导引方式及其基本结构。

任务七　其他类型机器人

【任务描述】

本任务的内容是工业机器人在一些其他领域中的应用，包括数控加工、喷丸、吹玻璃等。

【任务学习】

1. 数控加工机器人

相对于车床或铣床，标准机器人的刚度弱（20 ～ 50 倍），但灵活性大。对于一个给定机械手，机器人可以在制造工件（研磨、补炉、抛光等）时提供降低至可接受程度的工具力量。这种增量加工方法，特别是对切割和成形工艺，可产生良好的效果。然而，这些连续的动作必须是自动生成的。所以，数控加工机器人需要结合带有工件的几何形状的进程信息来完成零件的加工。

微课

其他类型机器人

下面的案例列举了机器人在程序设计、灵巧和成本方面的特点。机器人产生一个给定三维轮廓，它具有高频率振荡冲压（振幅为 1mm，频率为 50Hz），可指导工具装备在金属表面。机器的一次性外壳、样机板或定制汽车板，可以使用这种方法经济地生产。图 9-22 描述了自动生成的行为序列和执行成形方案。金属板的成形过程是基于振动冲压（振幅为 1mm，频率为 50Hz），它使金属随着步数递增局部增塑，图9-22（b）所示的机器人轨迹是基于特殊材料模型离线生成的，每一条线代表工具轨迹的一部分，图 9-22（c）所示为带有工具的机器人工作单元。

（a）CAD 模型

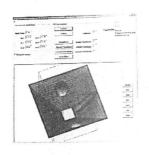

（b）轨迹线　　　　　（c）机器人末端执行器

图 9-22　轨迹生成用于提高机加工的效率

2. 喷丸机器人

以前的喷丸工作都由手工操作，是一个冗长而艰苦的过程，由砒酸引起的污染给作业人员带来了健康危害。机器人喷丸清理从根本上改善了工人的作业环境，减轻了劳动强度，大大提高了劳动生产率，工作效率至少比传统的手工喷丸清理高 10 倍。此外，喷丸机器人具有很高的灵活性，其手臂能够伸入叶轮式抛丸机无法到达的部位，比如罐车的整个内部表面，如图 9-23 所示。芬兰的钢铁巨人公司研制出一种计算机控制的喷丸机器人，可以进行如飞机机身和机翼除旧漆、运输集装箱内外表面处理等多种表面处理。喷丸的载运介质有空气、水蒸气或水，磨削介质则可以用玻璃球、塑料片、砂粒等。

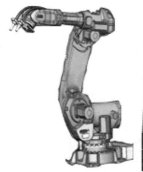

图 9-23　喷丸机器人

2005 年，韩国大宇造船和海事工程公司（DSME）研制成功"船体真空喷丸机器人"，它可以自动喷丸船体外部的表面。2006 年之前，我国一些尖端企业需要的高精度喷（丸）砂处理一直都依赖进口设备。2006年6月，昊为科技研制出中国第一台六轴联动智能机器人喷丸系统，这是中国高自动化精细喷砂设备的一个里程碑。

3. 吹玻璃机器人

类似灯泡一类的玻璃制品在制造时，需先将玻璃熔化然后人工吹起成型，熔化的玻璃温度高达1100℃以上，这是一项不易掌握而且很累的工作。吹制工需经长期培训，培训费用很高，故愿意从事此项工作的工人越来越少，因而，急需发展自动化吹玻璃技术。法国赛博格拉斯公司开发了两种六轴工业机器人，应用于搬运玻璃和吹制玻璃两项工作。

该款机器人是用标准的FANUC M710型机器人改装的，是在原机器人上安装不同的工具进行作业的。搬运玻璃机器人使用的工具是一个细长杆件，杆头装有一个难熔化材料制成的圆球。操作时，机器人把圆球插入熔化的玻璃液中，慢慢转动，熔化的玻璃就会包在圆球上，像蘸糖葫芦一样，当蘸到足够的玻璃液时，用工业剪刀剪断其与玻璃液的相连处，蘸取的玻璃被放入模具等待加工。吹制玻璃机器人与搬运玻璃机器人的不同之处在于工具，它的细长杆端头装的是夹钳，能够夹起玻璃坯料，细长杆中心有孔，工作时靠一台空气压缩机向孔内吹气，这实际上是再现人工吹制的动作。

该公司开发的玻璃采集机器人被多国采用，如日本、巴西、中国、法国等。尽管这种机器人还不够理想，但却为世界首创，而且很实用，有着较大的发展前景。

【思考与练习】

说明工业机器人在数控加工、喷丸以及吹玻璃中的应用。

项目总结

本项目首先介绍了工业机器人应用系统常用的外围设备，然后分别介绍了工业领域常用的工业机器人系统，如焊接机器人工作站系统、喷涂机器人工作站系统、装配机器人工作站系统、搬运机器人工作站系统、轮式移动机器人等；另外，本项目还介绍了工业机器人的其他类型，包括数控加工机器人、喷丸机器人和吹玻璃机器人。项目九技能图谱如图9-24所示。

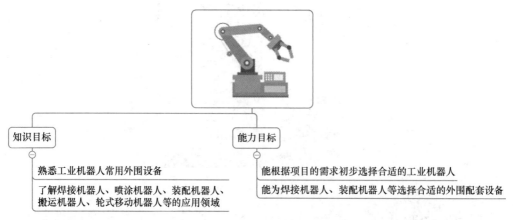

图9-24　项目九技能图谱

项目习题

1. 焊接机器人分为＿＿＿＿＿＿＿机器人与＿＿＿＿＿＿＿机器人两种。

2. ＿＿＿＿＿＿＿能将被焊接工件旋转（平移）到最佳的焊接位置。

3. 点焊机器人的焊钳从用途上可分为＿＿＿＿＿＿＿型和＿＿＿＿＿＿＿型两种。

4. 根据钳体、变压器和机械手的连接关系，可将焊钳分为＿＿＿＿＿＿＿、＿＿＿＿＿＿＿和＿＿＿＿＿＿
3种。

5. 点焊控制器与机器人控制器有 3 种结合方式：＿＿＿＿＿＿＿、＿＿＿＿＿＿＿和＿＿＿＿＿＿＿。

6. 点焊作业一般采用＿＿＿＿＿＿＿控制（PTP），其重复定位精度在 ±1 mm 之间。

7. 弧焊作业均采用＿＿＿＿＿＿＿控制（CP），其定位精度应在 ±0.5mm 之间。

8. 喷涂机器人一般分为＿＿＿＿＿＿＿喷涂机器人和＿＿＿＿＿＿＿喷涂机器人两类。

9. 简述焊接机器人系统的组成。

10. 简述喷涂机器人系统的组成。

参考文献

[1] 郭彤颖，安东．机器人系统设计及应用 [M]．北京：化学工业出版社，2016.

[2] 刘小波．工业机器人技术基础 [M]．北京：机械工业出版社，2016.

[3] 尼库．机器人学导论——分析、控制及应用 [M]．2 版．北京：电子工业出版社，2013.

[4] 张超．ABB 工业机器人现场编程 [M]．北京：机械工业出版社，2016.

[5] 韩建海．工业机器人 [M]．3 版．武汉：华中科技大学出版社．2015.

[6] 吴立成．柔性机械臂——建模、分析与控制 [M]．北京：高等教育出版社，2012.

[7] 中国电子学会．机器人简史 [M]．北京：电子工业出版社，2015.

[8] 叶晖．工业机器人实操与应用技巧 [M]．北京：机型工业出版社，2010.

[9] 于靖军．机器人机构学的数学基础 [M]．2 版．北京：机械工业出版社，2016.

[10] 龚仲华．工业机器人从入门到应用 [M]．北京：机械工业出版社，2016.

[11] 滕宏春．工业机器人与机械手 [M]．北京：电子工业出版社，2015.

[12] 曹其新，张蕾．轮式自主移动机器人 [M]．上海：上海交通大学出版社，2012.

[13] 沈林成．移动机器人自主控制理论与技术 [M]．北京：科学出版社，2011.

[14] 何成平，董诗绘．工业机器人操作与编程技术 [M]．北京：机械工业出版社，2016.

[15] 梁森．自动检测与转换技术 [M]．3 版．北京：机械工业出版社，2013.

[16] 张建忠．传感器与检测技术 [M]．2 版．北京：北京邮电大学出版社，2013.

[17] 张宪民，杨丽新，黄沿江．工业机器人应用基础 [M]．北京：机械工业出版社，2013.

[18] 肖南峰．工业机器人 [M]．北京：机械工业出版社，2011.

[19] 郭彤颖，安东．机器人学及其智能控制 [M]．北京：人民邮电出版社，2014.